宋涵 著

生育对话录

生活·讀書·新知三联书店 生活書店出版有限公司

图书在版编目（CIP）数据

生育对话录 / 宋涵著．— 北京：
生活书店出版有限公司，2017.1
ISBN 978-7-80768-172-4

I．①生… II．①宋… III．①人生哲学－通俗读物 IV．① B821-49

中国版本图书馆 CIP 数据核字（2016）第 261682 号

策 划 人　李　娟
责任编辑　叶敏娟
装帧设计　申亚申
责任印制　常宁强
出版发行　生活書店出版有限公司
（北京市东城区美术馆东街22号）
邮　　编　100010
经　　销　新华书店
印　　刷　北京隆昌伟业印刷有限公司
版　　次　2017年1月北京第1版
2017年1月北京第1次印刷
开　　本　880毫米×1230毫米　1/32　印张8.25
字　　数　145千字
印　　数　00,001–10,000册
定　　价　39.00元
（印装查询：010–64052612；邮购查询：010–84010542）

目录

第1辑 为什么要生孩子？

第2辑　修炼成为一个“人”

第3辑　初为人母

第1辑　为什么要生孩子?

一切生孩子的理由，我都可以否认掉

2012年6月

D，我的丈夫

看完午夜场电影，我和D找了一家小龙虾大排档坐下。在嘈杂的路边和昏暗的灯光下，人更有一种摇摇晃晃的倾诉欲。

（一）

“今天的电影打几分？”D问我。

“七分吧，还不错。”我说。

“哟，分挺高啊。”他知道我对电影的苛刻，能及格的不多。

然后冷下场来，两个人拿起手机刷了刷。

夫妻之间，能说的话也不多，不像多年前做朋友时，一聊总能聊几个小时，不知道是因为那时太过年轻，还是因为现在太过熟悉。

我想起我们讨论过的一个悬而未决的话题。

“你说，你为什么喜欢小孩？”我问。

D立刻坐正了，知道我又开启了严肃模式。

“就是喜欢小孩啊，看到小孩就觉得很可爱啊。”

“所有动物在小时候都很萌啊，可那只是它们很短的一个阶段，迟早都会长大的。”我不以为然，“我小时候也可爱，你看，那个炒龙虾的打赤膊的油乎乎的大叔也曾经很可爱，所有快要死的干瘪的颤巍巍的老头儿也曾经是肉乎乎的婴儿，那又怎样？你能在我们这些大人的身上看到一点儿以前做小孩的样子吗？”

“那是人的必经阶段，你还是不能否认孩子可爱啊。”

“那只是你一厢情愿地喜欢‘孩子’这个特定阶段，并不是真正喜欢这个人。你并没有想过他将来会长大，会衰老，会变得和所有大人一样，一点儿也不可爱。到他不可爱的时候，你这种单纯的因为孩子可爱的理由，还站得住脚吗？那你是不是就有理由对他不耐烦了呢？”

“不会啊。看到孩子成长，即使不可爱了，也有另一种成就感啊。”

“说实话，你看到一个小孩的时候，会想象他未来的样子吗？无论一个小孩现在看起来多么天真纯净、无忧无虑、娇嫩欲滴，他都可能变成任何一个你讨厌的成年人。”

“我不会想那么远。”D好像早已习惯了我的“心理阴暗”，并没有表现出任何不适，只是简短地表明了态度。

“这就是我和你的不同，也许是我和大多数人的不同。你只看到眼前的东西，只贪图享受它静止的一面，却不想它将来的变化。”一听到D说“不会想那么远”，我就在心里给他翻白眼，又一次给他贴上了“头脑简单”的标签。

“你太悲观了，一个小孩也可能长成一个很有意思的人，难道你对所有的大人都这么没有信心吗？”D说。

“不是我没有信心，是你盲目乐观，我只是考虑到了更多的可能性。”

“好吧，就算是一个普通人，就算他平庸，一个平庸的普通人也让你那么讨厌吗？”D问。

我愣住了，没想到他会这么问我。我飞快地想了一下，好像还真的有很多愚蠢的人是让我讨厌的，于是毫不留情地说：“对，我不喜欢很多人，更怕生出一个我讨厌的人。”

我看见D无奈地望着我。

（二）

话已至此，一条无形的大河无声地流在我和D之间，把我们隔开，在这没有月亮没有星星只有烟尘缭绕的午夜里。

我积累了许久的疑惑和思虑，此刻突然好像找到了对手，必须要一股脑儿倒出来。

“来，”我说，“在生小孩这件事上，你能想到的所有理由，我都可以否定掉。”

“生孩子是绝大多数人都在做的事，这也是一件很自然而然的事，我不认为有你想得那么复杂。”D说。

我抓到了大把柄，激动起来：“就是因为太多人想得太少，这个世界才这么多悲剧。生孩子怎么能因为绝大多数人都在做，就随波逐流呢？人不是动物，不能只顾着繁衍啊，你生下的是一个人啊，他有知觉，有思想，有喜怒哀乐，你要付出大量的时间和精力，你将影响他的一生，人在生育之前，是不是至少应该想想：我能够对这个行为负责吗？连想都不想的，和动物有什么区别？只是因为‘别人生，那么我也去生’的做法，不是最最自私的吗？指责丁克族自私的人，比丁克族自私太多，而且愚蠢太多了。”

“你不能要求每一个人都像你那样，想个三百六十度无死角才去生孩子，很多人的确是在比较迷糊的状态下生了孩子，或者仅仅是出于一种本能，但这并不代表他们不能成为负责的父母。我身边有不少人，恰恰是生了孩子以后才快速地成熟起来的。”

“这是在拿生命开玩笑好吗？万一生下来以后不喜欢孩子呢？万一这个父母一直成熟不起来呢？这是让这个孩子自生自灭吗？”

“你这是极端的情况，生活中没有那么多绝对。”

“错了，生活就是这么残忍。我看起来像在死磕，对吗？那是因为太多人对生活抱有无知的侥幸心理，他们根本不明白自己在做什么。”

“你认为你可以对他人的生活做绝对的判断吗？你可能完全不了解他们，你也无法去揣测他们生孩子就是出于无知的侥幸心理。”

“对某些人，我就是可以判断：那些只生不养的人、那些生了孩子就抛弃的人、那些自己的生活过得一塌糊涂却毫不克制地生一大堆孩子的人、那些指望孩子来拯救自己的人，还有，那些控制孩子来满足贪欲的人、那些虐待孩子的人，他们不仅是无知，更是恶毒。”

（三）

“我明白你说的。”D说，“不过我们可不可以不讨论人类，只说说我们的选择？”

“你确定你想要孩子吗？”我认真地问。

“是的，我确定。”

“那你告诉我，你为什么想要孩子？诚实地说。”

“我觉得这是人生的一种必然经历，一种很重要的经历，陪着一个孩子长大，生活会多很多乐趣、很多成就感。”

我忍住没抢白。

D继续说下去：“你知道清田螺吗？小时候我们从河里捞来田螺，下锅之前要在清水里养一两天，让田螺把身体里的沙子吐干净。我看着水盆里的田螺，它们就是静静地等待着被人吃掉。当人不断衰老，也会有这种感觉吧，你的生命在逐渐消逝，而你无能为力。在孩子身上，你的后半生能看到自己生命的延续，你会因为有了孩子而活得更丰富，更有动力。”

我说：“首先，我的乐趣和成就感并不需要通过子女来实现。人应当在自己的所作所为里去寻找和建立乐趣与成就感，这才是稳固而长久的。在子女身上找成就感，是一种懒惰和怯懦的转移，回避了自身的任务；更何况，子女如果真的很有成就，那首先是他自己天赋和努力的回报，而不是来自父母，父母因此而沾沾自喜未免过于自以为是了。其次，我不认为年纪大了人就是等死的状态，中国的老人就是活得太没意思了，人到中年就想着退休，无所事事，自己找不到乐子就寄托在孩子身上，孩子承受得起吗？衰老和死亡是一个人必须面对的，这件事孩子也帮不上什么忙。”

“当一个人老了，有孩子和没有孩子还是不一样吧。你把衰老这件事想得太简单了。你有没有想过：当你真的老了病了，你最希望看到的应该就是亲人和子女了吧，否则你还能指望谁呢？

你敢把自己的身体完全托付给谁呢？”

“如果这样说，那你养孩子不就是为了功利性的养老吗？这算是一种交换？你养他长大，他伺候你终老？”

“你为什么要把人和人的关系想得这么功利呢？比如我愿意对我的父母好，愿意照顾将来年老的他们，并不只是为了回报他们，而是我对他们有感情。”

“但你生孩子，还是出于某种为未来保障的意味，出于某种对衰老的恐惧。你并不是无条件地对孩子无所求。”

“我当然会尽力安排好自己的生活，不给子女带来多余的麻烦，但你说的不是无条件的无所求，你说的我有恐惧，我也不能否认这一点。或许我不纯粹吧，我就是一个俗人。”

D的坦诚让我安静下来。

（四）

“你想要孩子还有什么理由？”我不死心，“我就是找不到理由。”

“难道你不想孕育我们共同的孩子吗？”D说，“我想和你有一个孩子，一个属于我们俩的孩子，见证和延续我们的感情。”

“你的这个理由听起来很浪漫，可抱歉，还是无法打动我。我觉得爱情无须孩子来见证。相反，没有孩子还能持续的爱情才更纯粹。更何况对我来说，生孩子是一件太重大、太重大的事情了，可能是我余生里做的最重要的一个决定，我无法容忍我在想不清楚的时候就去生孩子，我太怕我会后悔。所有的事做错了我都可以去接受、去弥补，可唯独一个孩子，我把他带到世界上来，就再也不可逆转了。”

“可是不生孩子你也可能会后悔的，有一天你不能生育了，这也是不能逆转的。”

“这种后悔是我一个人的事，至少没有让另一个生命来遭罪。”

“……那么，你是确定不要孩子了？”

“我不知道。我只是找不到生孩子的理由，我……有点怕。”

“怕什么？”

“怕后悔。怕我的生活发生不受控制的变化。怕我不喜欢那个孩子。怕这个孩子因为我而吃苦。如果，一定要我现在生孩子，那就是在逼我。”

“我不逼你，但是我想要一个孩子。两年前你说不太想生孩子，我以为你会渐渐改变主意。到现在，一说到生孩子你就十分抵抗，这样下去也不是办法。”

“我知道。这一年来我也越来越焦虑，好像一个想了很久没有答案的题目要赶紧解答出来，否则没法交代。对你，我也要交代的。毕竟，一段婚姻里，要不要孩子，不是一个人说了算。尽管我觉得很多人都在胡乱生孩子，很不负责任，我也不能说你想要孩子就是错的。当然，我不想生孩子也不是错。我们都没有错。只是在这个根本的问题上，这两种观点没法相互说服。”

“你要把一件事百分百地想清楚才去做，那是在为难你自己。”D说。

“你知道吗？有时候我在想，我们为什么要结婚呢？其实就是没有太想清楚，不知道婚姻意味着什么。那时候太年轻。婚姻是一种社会机制，如果纯粹只是为了两个人的感情，完全可以不结婚的。婚姻最重要的功能之一，就是为小孩提供稳定的家庭。而我们，恰恰没有讨论过孩子的问题就结婚了，我们都以为对方和自己是同步的想法——哪怕不那么确定，也怀有那么一点侥幸。”

“是，虽然当时我也并不太明白婚姻意味着什么，但我一点儿都不后悔这样的不明白。我从来没有一丝怀疑和你结婚的选择。”

“谢谢你的认可。可是这两年我想得越来越多，顾虑也越来越多，生活并不容易。我从来就不是单纯天真的小女孩，这些年的经历告诉我，我做的每一个重要决定，最终都是要我自己来承担责任的，到了关键时刻，他人的温情也好，善意也好，都不能理解和分担我的难题。我必须清楚地衡量我是否有能力去承受，我必须做一个锋利到冷酷的人，而不是一个温情泛滥、不顾后果的人。我不能因为你想要孩子，就去生，我要自己想清楚。如果在这个问题上达不成共识，我们的婚姻或许无法维持下去，因为我们都不能耽搁彼此太久。我们得有心理准备。这是我们的现实。”我说。

买完单，我和D离开闹哄哄的人群和火红的小龙虾，走在灌满夏风的街道上，心里各自装着无法妥协的那一部分。

父母皆祸害?

2012年9月

R，P杂志高级责编

因为换了城市定居，我到P杂志面试。面试结束后，主编让R带我到她们杂志社的食堂吃午饭。

（一）

“我知道你。”我对R说，“我还在读大学的时候，就看过你写的一期《父母皆祸害》的专题，那时我就记住了你的名字。”

“噢，”R脸上并没有太多表情，“那是很多年以前了，我可能是最早把网络上‘父母皆祸害’的论坛现象报道在媒体上的人。虽然……过去这么久了，这个话题现在也还能继续做下去。”

“说父母是祸害，可能很多人难以接受，但是当时我看了却很震撼，有人说出了隐秘又普遍的真相。”

“在我采访的人里面，很多人的遭遇让人很难过。他们确实是遭遇了父母很强烈的身心虐待或精神控制，而他们的父母，以及身边的人却都口口声声地说，‘父母爱子女，一切为了子女’，真是很悲哀。”

“敢于说父母不好，已经很需要勇气了。以前鲁迅批判‘孝道’，也没敢说父母是祸害，这已经是平地惊雷了。现在的年轻人说父母是祸害，比鲁迅还要毒辣三分啊。”

“我倒觉得‘父母是祸害’这种说法并不是哗众取宠，它表达的是问题严重性。在父母和子女的关系中，我不同情父母，因为，如果亲子关系出现了比较恶劣的问题，那么制造者一定是父母，孩子是无辜的——孩子在幼小的时候，是无能为力，没有选择机会的。”

R的语气略有些激动，我心里在沸腾，却也只是默默地看着她。

似乎是为了解释刚刚说的话，R又继续说：“一般人会认为，抱怨和怪罪父母的人，都是没教养的坏小孩，但是他们也不想一想：为什么子女会讨厌父母？难道子女天生对父母有敌意吗？恰恰相反，子女是天生对父母有信任的，是什么摧毁了子女的信任？难道不是父母自己吗？”

“你让我想起一件事。我邻居家的小孩，他和我一样大，”我说，“从四五岁时，我就看见他爸爸用各种方式打他，用皮带抽，背上全是瘀青的横条；用脚踢，踢得他在地上滚来滚去；用绳子把他捆起来扔到床底下一个晚上，还用胶带封嘴……他爸爸的理由永远是：这小孩太顽皮了，太不听话了。我那时候也是个乖小孩，理所当然地以为所有父母都是对的。虽然他爸爸打人很吓人，但我更认为这个小男孩是不可救药的。这个男孩逃学、打架、偷钱，什么‘坏事’都做过，更坐实了他爸爸的评价。我也觉得他是个没出息的混混，尽量避免与他接触。”

“……这个小孩能活下来已经是奇迹了。”R说。

“我到高中毕业才发觉，‘父母都是好的’是经不起推敲的。我想起很多人，包括那个男生，心里很难受，不仅仅因为他从小到大的遭遇，也因为这么多年，我身边的人包括我，都眼睁睁地看着这一切发生，却当作一件并不十分奇怪的事。我记得我父母曾劝解过那个男人不要打孩子打得太凶，但也仅止于此了。大多时候，街坊们谈起那家人，感叹的都是那个小孩太顽劣了，却没有人严肃质疑过那个父亲的行为。我后来想起，会有些害怕：如果我投胎成为那个邻居家的小孩，我会变成什么样？我可能比他更好吗？我能克制自己没有仇恨、不去杀人放火吗？我又想，是什么赋予那个男人随意虐待一个孩子的权利？仅仅是父亲的角色吗？很多年以后，我回老家，碰见那个男生，他走在我的前面，看着他的背影，我无端地感觉到，他的背影透出一股寒意，似乎背负着这个世界的冷漠与残酷——其中也有我的一份。”在R面前，我说出了我心底的感受，在我的潜意识里，她是可以理解我的。

（二）

“有的父母折磨孩子，是通过身体上的暴力，即使这些是显而易见的，也不被许多人承认和改变，更不要说那些隐形的长期的精神暴力。父母在精神上控制和抛弃孩子的情况，更常见。”R说，“举个最常见的例子，父母最爱对孩子说：‘听话！不听话就不要你了’——这是爱吗？这是赤裸裸的控制和交换。听什么话？听他们漏洞百出的错误观念吗？许多父母根本不知道如何爱孩子，他们只是在传递狭隘、仇恨、攀比和无知。而且，他们用孝顺来固化这些无知，让孩子俯首称臣，不能质疑和对抗。有的孩子，真的是很可惜啊，明明有天赋有灵气，却活生生地被父母修剪成了机械的木偶。这不是戕害是什么？在我接触的案例里，有好几个孩子是因为父母的强势逼迫而尝试自杀的。人说‘虎毒不食子’，可是人类的某些父母却可能猛于虎，为了一些他们自以为是的标准，甚至是愚昧的标准，他们严苛地绞杀子女的自由和思想。其实我真想统计，有多少子女被父母逼得想自杀啊？真实的数据一定很惊人。我是站在子女这一边的。那些孩子在网上反抗一下，父母就受不了？现实是，有多少父母伤害了子女？肉体上或精神上的致残致死？”

我也激动起来：“父母最危险的地方就在于，他们是离子女最亲近的人，幼小的子女完全依赖父母的庇护，没有选择的余地。而做父母没有任何门槛，他们可以任意对待子女，而且是以爱的名义，子女只能全盘接受，哪怕是剧毒。”

我又说：“我们活着的这个世界，可能真的是天堂和地狱共存。在对父母这个群体的评价上，我和你有共识，但是，比如我和我丈夫，就总是不在一个频道上。他无法理解对父母的攻击是如何来的，他似乎从未见过世间疾苦，他似乎一直活在天堂里——而我非常怀疑这一点。我们身边明明就是有很多不够资格做父母的父母，为什么很多人还是否认这些，甚至认为都是子女的问题呢？”

“这就是人的经验的局限性。人往往根据自己的经历来构建世界的样子，而且，很固执地，不愿意去看见和了解别人的世界。只有少数人，可以超越自身经验去体会他人的苦难。那需要悲悯的同理心。当然，这种同理心也有来自亲身体验之后的感同身受。”

你是来自亲身体验，还是别的？我想问R，却又怕太唐突。

（三）

“还有一种情况是，即使受过父母虐待，却无法在内心承认这一点，必须要维护父母的。”R说，“否则，他们的世界会坍塌。”

“这个我明白，”我说，“每个孩子都渴望爱。人类的幼儿期比任何动物的都漫长，我们必须被照顾和呵护才能活下来，所以我们会寻求一切‘被爱’的证据。我看过一篇论文，一个叫亨利·哈罗的心理学家通过追踪研究发现，相比被宠爱的孩子，那些被轻视甚至被虐待的孩子，反而更会竭力维护和讨好父母——谁愿意早早地接受根本不被父母疼爱的现实呢？这是令人心酸的事实。”

“是啊，对一些孩子来说，承认父母不爱自己，无异于否认了这个世界。我还有个判断，那些特别孝顺的子女，和那些怨恨父母的子女，是一样的。”R说。

“什么？”我一下子没听明白。

“孩子特别孝顺父母，或者特别怨恨父母，表面看起来是两个相反的极端，但这两种都意味着他们的父母是不合格的，亲子关系是不健全的。不敢忤逆父母一丝一毫，对父母言听计从，也就说明子女与父母之间并没有真实交流，只是一种僵化的模式。因为真实的交流是肯定有冲突的，重点在于他们之间可以包容和化解冲突。把父母当神一样供奉着，说明父母的精神控制很成功，成功地扼杀了子女的真实想法。而怨恨父母则代表，父母对子女并没有爱。”

“噢！我懂你说的。不过，常见的说法是：父母给了你这么多，你还在怪罪父母，真是白眼狼。”

“如果单纯地看子女对父母的控诉，可能会觉得他充满戾气，但是戾气并不是天生的，这多半是模仿父母而来的。我采访的一个心理学专家说，孩子的认知和行为模式是基于父母给他的养育模式，所以这个孩子以后怎么回馈父母，都是父母教给他的。一个人如果对父母有仇恨，要么是有很深的心理缺失，要么是人格不健全，受到的负面影响太多，那么，这样的结果，父母在早期的养育过程中一定是有责任和过失的。所以，如果子女不愿意反哺父母，这也是父母自身种下的因果。一个简单的比喻：父母是雕塑师，子女是作品，作品雕坏了，雕塑师没有意识到自己的问题，却怪作品，这不是最明显的因果倒置吗？”

（四）

“早年的经验决定了一生的认知模式，从出生的那一刻起，一个人的命运脉络就已经长好了。父母掌控着一条生命的走向。想想都神奇，这也是我不会轻易生孩子的原因。你，有孩子吗？”

我终于问R。

“我还没结婚。”R说，“坦白地说，我是不会要孩子的。我连收养一只猫都下不了决心。有一次在我回家的路上，一只小黑猫跟我走了很久，我停下来它就望着我，我走它也跟着走。我忽然很喜欢它，很想抱它进家门，收养它。但是我问自己：我能照顾好它吗？我能保证不遗弃它吗？我认真地想了一会儿，答案竟然是：不敢肯定。于是我克制住冲动，对于我承担不了的责任，我不去做。”

“你对收养动物都是如此慎重，更何况养育小孩呢。我很理解你的想法，在生育这件事上，我总觉得，人们想得太少了，冲动与不负责任的比例太大了。”

“很多人并不知道他们对子女的影响。像我这样，知道得太多了，又不想生了。这也许就和结婚一样，对一个人了解得太清楚，反而不想结婚了。”

“可是，像你这样想得清楚的人生孩子，不是很好吗？如何养育小孩都心中有数了。”奇怪，我并不想生孩子，可是，在真的不愿意生孩子的人面前，我又想找出一点儿生孩子的理由。

“我对我自己也很了解。我是一个爱自己胜过其他的人，我很难为其他妥协。就比如，养猫很好，可是养猫会让我旅游、出差都很麻烦，也可能影响我的其他安排，我就觉得，还是不要了。把自己的生活过好，对我来说，比什么都重要。而这其中，并不包括一个小孩。”

我笑：“你这种想法，按普遍的观点看，就是自私和不负责任——当然，我知道，他们是错的。”

“不给他人制造多余的痛苦，就已经是行善了。”R说。

“对啊，”我点头，“可是给他人带来痛苦的人，却毫无知觉，反而催促所有人变得和他们一样，继续制造痛苦。这就是这个世界荒谬和悲哀的地方吧。”

女人的身体是她自己的身体吗？

2012年10月

F，某大学女性主义专业博士研究生

在J大学，我是第一次见到F，我们两人受邀参加一个女性主义论坛，做发言嘉宾。早先通过网上交流，我们已比较熟悉。活动结束后，我们在学校里一边散步一边聊了起来。

（一）

“在今天的自由提问环节，那个女大学生问‘我现在生活得很好，我没有遇到什么男女不平等的情况，我觉得我不需要女性主义’，如果是你，你会怎么回答她？”我问F。

“她是否需要女性主义，那确实是她自己的事。不过，某个人不需要青霉素，不代表青霉素就没有价值。女性主义也是如此。”

“这个比喻倒是妙。”我笑，“不同的是，女性主义的适用范围比青霉素广泛多了，生理疾病是特殊时期，而性别偏见带来的观念侵蚀却是无孔不入的。”

“一个人用不上女性主义，有两种情况。”F说，“第一种情况，她完全意识不到人为的性别偏见，反而觉得女性主义是胡乱生事；第二种情况，她是一个完全的幸运儿，她所接触的一切，从来没有过性别偏见——这就好比现代人不需要废奴主义，因为已经没有法律上的奴隶了。”

“明确的奴隶制度虽然不在，奴役的形式还是不可能消失的吧。这是人性使然。”我说。

F看了我一眼：“你这是哲学问题了，这样想下去就会陷入绝对的无意义论。我们做社会学研究的，奉行的是务实态度：莫说真理无穷，进一寸有一寸的欢喜。”

“我很羡慕你们的这种态度，我就常常在巨大的虚无面前败下阵来。所以，我羡慕一切能够这么一寸一寸往前、从不犹豫懈怠的人。”我说。

“我是在研究生期间选了女性主义作为我的研究方向，你是怎么感兴趣并写了那些文章的？”F问。

“对我而言，女性主义是一种保持警醒的工具，能比较锐利地去审视生活中习以为常的、反智的、愚昧的性别规则。”我说，“还有，我可能没有那个女大学生那么幸运，在我的生活中，我能渐渐看见和体会身为女性的困境，女性主义也是用来解决实际问题的方法之一吧。”

“哦？”

“倒不是我有多悲惨的经历。和我们这个国家的许多女性比起来，我大约也算是‘精英’了。我是独生女，说实话，在大学毕业之前我也没感受到什么性别差异，我父母只有我一个宝贝女儿，我享受了完全的家庭资源，我在学校也受宠，因为我成绩好。我没觉得女孩有哪一点儿不如男孩的。大学毕业第一年，找工作时隐隐约约意识到了社会对女性的不待见，接着就是到了婚育年龄，很快体会到整个社会舆论对女性施加的压力甚至是迫害了。我发现不少女人在婚恋中对性别身份感到过困惑。”

“哈哈，我懂的。很多人都说，女人就像圣诞树，最美不过25（岁）。身边的人都千方百计地把女人往婚姻里塞。到了这个时候，一个女人还想着去尽力发挥她的才华和见识，会显得异类了。婚姻是完全不同于学校的地方。在学校，评价标准很清晰：你是否足够优秀；而在婚姻中，残留的‘女德’标准太多了：要包揽家务活，要照顾子女和老人，甚至包括为夫家生一个男孩。”

“是啊，有时候看着我那些生动的、有个性的、有才华的女同学们，穿着漂亮的婚纱，走进这么一个陈旧的系统里，还真有种错乱的二次元感觉。”

“这是一种断裂。中国的家庭，很多还由长辈掌权做主，还停留在父权和男权的老思想里。有些男人拿他们的女同学、女同事没办法，但是他们能理直气壮地要求自己的妻子。所以家庭反而是剥削女性最深又最隐秘的地方。在许多场合，一切看起来光明、正大、平等，许多男人也义正词严、道貌岸然，一回到家里，狐狸尾巴就露出来了。”

“说起男权，我们的‘毒舌’就出来了！”我又笑，“不知道又有多少人说我们女性主义分子‘心理扭曲’‘戾气十足’了。”

（二）

“让他们去说吧！”F撇撇嘴，“我的一个博士同学，结婚后要求老婆一定要生一个儿子，否则离婚。我断然和他绝交了。什么博士！学术论文写得再好也掩饰不了他是个土鳖。”

“难怪很多人躲着你走，刀锋太利。——说起生孩子，女人还真是深受生育之苦呢。”我说。

“我外婆今年八十九岁，她生了十一个孩子，养活了七个，她的青壮年就是在不停地生孩子，直到生不动，这对我来说是不可想象的，但她就生活在我眼前。”

“是啊，所以我觉得，避孕工具真的是人类最伟大的发明之一。想一想，如果女人婚后只能不断地怀孕—生子—怀孕……光想想都不寒而栗！《圣经》里，神对夏娃说，‘我必多多增加你怀胎的苦楚，你生产儿女必多受苦楚’，听起来，女人生来就背上了这个诅咒，她的身体就是对她的惩罚。”

“也因为避孕将女人从这个弱势的生理属性中解救出来，有很多人不适应和激烈反对。以前公开宣扬避孕知识的女人，被抓进了监狱。我常常觉得这个世界荒诞：说一点儿正常的话，争取一点儿正常的权利，却总是被看作激进的破坏者——到现在也是如此。所以，我不怕做一个他人眼里的‘破坏者’。”F说。

“如今也是有点儿不可思议，避孕问题就像‘房间里的大象’，大家都知道，但是都视若不见，不去谈论。‘人流’广告漫天飞，避孕广告却不让做，大概是我们的怪现状。我倒认为，避孕是一个成年女性最重要最严重的事务之一，因为这是女人对自己身体做主的基础啊，如果她的身体违背她的意志而不断怀孕，又有什么自由可言呢？”

“即使现在避孕套随手可买又怎样呢？”F说，“女人的身体当真是她自己的身体吗？她不仅受制于先天生理，也受制于社会文化。许多女人并没有生育的自由。几千年来我们文化对女性的要求是，她要能生，她要生得越多越好，她要生出男孩才算合格……在这些标准面前，她身体的损坏程度或者生命安危都是不重要的。”

我叹了口气：“和你那个博士同学一样，我也亲眼见到我的远房亲戚带着怀孕的妻子去医院打过两次胎——仅仅因为是女婴。后宫剧的剧情到现在也不陌生：母凭子贵。在这样的背景下，生育，对女人，不单是一件自然的事，还是她们的生存策略：孩子，是她们挟以自傲的‘人质’。直到现在，情况没那么可怕了，但也仍然能看见一些女人生了儿子后的如释重负或自鸣得意，这让人感到悲哀，‘细思恐极’。动物世界也没有这么残忍。”

“到我们父母这一代，历史发生了突然的变化。我的妈妈，以及她同龄的女性，都必须遵从国家意志：最多只能生育一个孩子。她们不能随心所欲地想做几次母亲就做几次母亲，她们只有一次生育的权利。也是头一遭，育龄女性身边的人不敢以各种明示或暗示，让她们多生几个孩子。相反，避孕，成了一场如火如荼的全民义务。在国家意志面前，许多推崇‘多子多福’的男人也沉默了。只是，无论如何变化，女人的身体，都不是她们自己做主的。”

（三）

“可曾有人问过，女人自己的想法究竟是什么呢？”我说，“一个女人又可曾问过自己这样的问题，如果没有家庭的压力，没有国家的压力，我愿意生孩子吗？我愿意生几个孩子？”

“对一代又一代的女人来说，这样的自问太奢侈了。这个问题也太难回答了。她生活在文化里，生活在社会里，生活在家庭里，她被这一切影响着。尤其是，如果她并没有太多生存的能力，她要依赖这文化、家庭、男人，才能活下去或活得更好，她又有多少选择的空间呢？有人说：‘瞧，这是她自愿的，她就是想这么做，从来没有人逼过她。’人们是真的假装看不见这自愿背后的隐形胁迫与零选择吗？”

我说：“这么想想，我很幸运，我倒是拥有了许多女性曾经不敢想的那点儿罕见的自由：不生孩子的自由。我有一对相对开明的父母，他们从没火急火燎地催我结婚生子；我没有来自家族的传宗接代的压力；我有一份能养活自己的工作，因此并不需要依赖男人和婚姻；我的丈夫虽然很喜欢孩子，也想要孩子，但他也不能强迫我必须生育；我身边甚至已经有了好几个做丁克族的朋友或同事。我们的社会有了这样做少数派的自由，当然这需要极大的个人勇气。”

“祝贺你有这样的自由。所以你也是不要孩子吗？”

“明确我有这样的自由之后，我就更要面对我的个人问题：我究竟想不想生孩子？我不是非生不可，我不是被压迫的对象，我无须为了反抗而反抗——也就是说，我无须通过‘坚决不生孩子’来证明他人对我的胁迫以及我对胁迫的反抗。自由带来自我承担的选择。可是，对这个选择的答案，我还是不知道。目前，我并没有找到让我信服的生孩子的理由，但是，我也并不那么坚定一定就不生孩子。我只是不愿在没有想好的状态下，匆忙做一个决定。”

（四）

“你结婚多久了？”F问我。

“两年了，你呢？你结婚了吗？”我问她。

“结了。”

“你先生是一个什么样的人？”

“他是我大学同学，也是一个女性主义者。像我们这样的女人，肯定是没法忍受大男人。”

“那很难得，”我说，“以我们挑剔的眼光，以我们‘不惮以最坏的恶意揣测男人’的习惯，还能禁得住我们验证的男性，是很少的。我的一个女朋友就说，她没有遇见一个真正尊重女性的男人，都快绝望了。”

“确实很难。可能是我的小圈子大都是受过社会学训练的人，相对来说还好。不过我见过许多经济条件很好，但性别观念仍然活在中世纪的男人。有些是可塑造的，有些是不可塑造的——后面这一种是装睡的人，怎么也叫不醒，那还是放弃吧。”

“以前有人很吃惊地问我，‘你不是女性主义者吗？你竟然也会结婚啊’，搞得我还很不好意思。在他们眼里，我们都应该是憎恨男人的吧。”我说。

“我对男人的确是不客气，男人毕竟是既得利益群体。”F说。

“我有时候愤怒起来，也会将对男权社会的愤怒转移到个体身上去，但平心而论，我不恨男人，男人和女人都很可怜：一个将女人工具化的男人，必定也是把自己当工具的。大家都以为女性主义者是反爱情和反婚姻的，因为我们扒下爱情和婚姻的皮，说一些大家并不喜欢的真相。但是，其实我们的个人生活，也需要爱情，甚至也需要婚姻。”

“我很少谈论我自己的婚姻，我认为这是更专业的态度，为婚姻祛魅是一种基本态度。”

“我知道，因为我们能看到爱情和婚姻中有太多权力机制，我们会从很理性的角度去剖析它们。但是——我不知道你会不会这样——当我在其中追究时，我会有点疑惑：女人是真的不需要爱情和婚姻吗？我一边说着婚姻的坏话，又一边在婚姻中，那么，我对婚姻的真实态度究竟是什么呢？我知道这样的犹豫显得很不女权，但我有时候会想，我并没有把女人、男人、爱情、婚姻的复杂性，说得很明白。我感到很难用社会批判工具分析个体的微妙感觉。”

F沉默不语，我不知道她在想什么，或许不认同我，我也只好一直说下去：“像人对孤独的敏感和逃离，人对温暖和陪伴的诉求，这些都无法限于从男女之间的权力角逐中得到解读，我希望能更精准地写出人与人之间的情感关系状态，因为这也是我想要精准地去弄明白的。我说过，女性主义是我理解生活的方法之一，但是我渐渐觉得它不是我唯一重要的方法。”

“我见了太多底层女性的生存状况，我只能说，和一些基本的生存权、身体权、工作权比起来，爱情、感觉什么的是很奢侈的。而这些实际问题解决以后，就可以解决很多形而上的问题。”F说。

“我很敬佩你们的工作。然而我的想法，不一定对：人心比社会，还是要更复杂一些。无论男女，我们都处于共同的困境中，有外在的困境，也有内在的困境。我希望我能够理解得更好一些。”我说。

“母亲”与“自我”不可调和

2012年11月

H，我的大学好友

我到C市参加大学同学的婚礼，见到了几年未见的大学好友H。婚宴后，我和H一起赴机场回各自的城市，由于天气原因我们的航班都推迟了，我们在机场的一家茶馆坐下来。

（一）

我看见H的随身背包里有一本薄薄的《心经》，打趣她：“你在大学时就神神道道的，看各种宗教书，我们私下里还讨论过，你很有出家的潜质呢。”

H说：“我是各个宗教的书都翻了一些，佛教最得我心，慈悲开阔，清风霁月。大学毕业我就开始吃素，本来只是吃着试试，后来发觉素菜更加清爽，反而吃不惯油腻的荤腥了。”

我做出吃惊的样子：“你不会真要出家吧？”

H笑：“当然不会，我尘缘未了——这是说笑的。说真的，人总有些疑问，是需要出世的东西来帮忙解答的，但真的断绝红尘，没几个人会这么做。我也不想这么做，我没到‘本来无一物，何处惹尘埃’的地步。我反而觉得‘大隐隐于市’更有智慧，毕竟事事是修行，如果日常生活都是满头包，就转而抛下一切，那是逃避吧。生活是体验，不是逃避。”

“我们普通小白领的生活当然是修行了，还有比这更‘苦逼’的吗？”我在熟悉的人面前不自觉地牢骚起来，“你看看机场书店的书，卖得最好的，不是成功学，就是身心灵了，说明现在都市人最缺的就是这两样：钱和内心平静。这也怪不了我们，每天的日子都像打小怪兽似的，焦虑层出不穷，让那些大师们来体验一下我们的日常，光挤个早高峰的地铁都能吓倒他们吧，哪像我们面不改色心不跳？”

“内心和外界的关系，我也在平衡中。我和你，都是过早过多关注内心的人，这有好有坏。好的是，对外界的迟钝，很多时候是对我们的保护；不好的是，我们对外界的认知难免狭隘和片面。”

“啊，我有这样的感觉，虽然我很早熟，想法看似老成，但长大后发现，很多人得心应手的实际事务，对我却要重新学习，常常有笨手笨脚的局促感，好像一个笨小孩装在大人衣服里，又要拼命掩饰不让人看出来。”

（二）

“婚姻就是一件很接地气的事，虽然开端是梦幻般的仪式。”H说，“作为已婚女人，你参加今天的婚礼感觉如何？”

“我结婚时没办婚礼，这个形式对我可有可无。不过参加婚礼还是能感受到仪式的庄重性，有那么些瞬间，也会感动和肃然起敬——在这千变万化的世界里，有两个渺小的人对彼此做下不变的承诺，在当时当刻，总是真心诚意的。当然，也不会像少女时把结婚看作一件多大的事。婚后日子漫长，结婚能改变的东西其实不多。婚姻既没有多好，也没有多坏。在婚前，两个人怎么样，已经可以大致窥见婚后的光景了。”

“是啊，现在可以更平和地看待婚礼这个形式，仔细地品尝餐桌上的菜了。”H也开玩笑。

“那么你呢，我记得你单身了很久，怎么突然结婚了？”我问H。

“也就是一种生活方式吧，没什么大不了的。我对结婚对象没什么严苛的要求，性格合得来就行。我一个人都能过得很好，还怕两个人吗？”

“那——你是不会像普通女人那样在爱情里要死要活了。”

“不会。爱情是一种幻觉。从生物学的角度看，爱情是人类臆想出来的，是为了促进繁衍而披上温情脉脉外衣的性冲动和性本能。”

“这听起来很实际，不过也有点索然无味，让人灰心。”

“用不着灰心，如果你接受事实如此，就不会有什么强烈的情绪。”

“虽然我知道这种说法听起来很酷，但我总还是存有一点疑惑，对于人的感情，我宁愿保留它的一点神秘性。”我说，“那么生小孩呢？你生孩子也是为了承担生物繁衍中的一个环节？”

“我在生孩子前也想了很久，后来我想清楚，如果我要生孩子，唯一的理由就是为了体验生命。我生来是一个女人，我想体验生育孩子这个过程，我太好奇这是怎么一回事了。”

“那么你的体验如何呢？我快纠结死了，究竟要不要生孩子？你快给我说说生孩子以后的感受。”我说。

（三）

“本来我以为，生孩子是为了体验生活，”H说，“我以为这已经排除了那些自私的理由，我不从孩子身上贪图别的，可后来也动摇了：我为了满足自己的体验就把孩子带到世上来，是不是也是另一种自私呢？”

“对极了，”我说，“我找不出不自私的生孩子的理由。”

“我的动摇来自我并没有觉得这个世界越来越好，反倒是越来越不适合生存的样子。B市的雾霾已经到了一周有三天不能出门的地步。小孩娇嫩，我却无法保护她，只是徒增叹息。还有，孩子有好几次生病，哭得撕心裂肺，我听着她的哭声，一阵害怕涌上来：人生四苦，生老病死。生，本来就是苦，我却并不愿意相信这一点。有时我怀疑：我是不是让她受苦了呢？这苦是不是没有尽头呢？”

我盯着H，心怦怦直跳，因为她说出了我的话。

“你的顾虑也是对的，”H说，“你担心生了孩子以后，个人的自由被大大压缩，这是必然的。生完孩子这一年，我一天二十四小时都是围着这个小家伙转，光是喂奶那半年我就不可能离开她超过三个小时。她一哭我就要随时待命。”

“有人帮你带孩子吗？”

“我以为我一个人能搞定，但后来还是不得不求助于婆婆来帮忙，她来了以后，我们又展开了‘谁才是对的’比赛。我带孩子必须不出一点儿差错，不然就会丧失部分话语权和决策权，直到下一次她错了我才又有机会夺回来。”

“你这样风轻云淡的人，也是免不了落入家庭权力的庸俗斗争中啊。”

“是啊。为了有更多时间和孩子在一起，产假结束后我没再去上班，而是换了一份可以在家工作的兼职，拿以前的一半工资。”

“有没有觉得这是一种牺牲？”

“怎么说呢？这只是许多改变中的一件而已。”H停了几秒钟，“还记得我们大学时看过的《第二性》吧，那时候我真不太明白为什么女人是‘第二性’，生育之后我才开始明白。生孩子对一个受现代教育的女人来说，不仅仅是身体的剧痛和时间的付出，还有一种最珍贵的东西的丧失——那是一个女人作为独立个体的‘自我’，那是她尽力从传统女性束缚中挣脱出来的胜利品。这种珍贵的自由，需要许多年的积累，而生孩子这件事几乎一夜之间就把它颠覆了。心理的变化才是致命的：你不再潇洒，你不再自由，你患得患失，你的社会认可急剧下滑，你陷入一个尴尬的局面。”

“你生孩子之前考虑得那么周到，就不能有兼顾两全的办法吗？”

“我结婚前也是这么想的。我没有想到我有一天会辞掉我的工作。我又想起我婚前是多么反对女方要彩礼呀。我是完全的裸婚，我认为这才符合我对男女平等的定义。后来我渐渐体味出，彩礼是社会习俗对女性的一种变相保护，是对女性在婚姻中承担得更多的一种变相补偿。在有了孩子之后，你想不想承担，不是随你的意愿的，而是一种身为母亲必须得上的义气和责任。养孩子，无论孩子的爸爸多么有爱心，兜底责任永远是妈妈的。更何况能主动承担育儿家务的男人真的是凤毛麟角。”

（四）

“我从你的话里听出了沧桑的熟女的感觉啊。”

“我知道现在流行‘辣妈’，许多媒体也鼓吹时尚、精致、优雅的妈妈形象，可我现在知道，真正母乳喂养的母亲就是胖的，是衣冠不整的、邋遢的、睡眠不足的，随时不能离开孩子。你知道吗？‘自我’和‘当妈’是不可调和的一对矛盾——这个观点第一次蹦到我脑海里时，我吓了一跳，因为所有的教育都告诉我们，女人一定要有自我，要当个辣妈，要照顾好自己才能照顾好孩子。”

“难道不是这样吗？”

“并不是全部的真相。这么想的，还是小女孩心态。我也曾是这样，我有一段时间也愤愤不平，我给家人开会，说在忙碌的生活中一定要留出我自己的私人时间，他们表示双手赞成，于是我就每周能有一两天溜出去会朋友、逛街。但是有一次，我出去的时候忘记带手机了，结果我妈带娃的时候我娃摔跤了，我手机打不通，等我回来时，女儿已经挂着眼泪睡着了，看着她红肿的小腿，我感到万分内疚。我第一反应在脑子中的问题是，我为什么这么自私？为什么一定要有自己的时间，让娃付出这么大的代价？”

“可是即使你在家，小孩也可能摔跤啊。”

“当然，我娃受伤是个偶然事件，不是因为我出门才导致的。但是作为妈妈，那时候感性的第一反应一定是自责的。”

“为什么爸爸就不会那么容易自责呢？”

“因为小孩更需要妈妈。孩子委屈了，哭了，第一反应喊的永远是‘妈妈’。另外就是母性的本能。我想有没有一种可能是，在自然密码里，妈妈的角色本来就跟父亲不同，生孩子这件事本身的题中之意之一就是：抛却自我，为下一代殚精竭虑提供最好的生命能量呢？”

“要我们这样骄傲的女青年接受体内天生就有为子女牺牲的‘母性’，还真是一个坎儿。”我说。

“是的，我懂。对我来说也很艰难。我也会怀疑，为自己的身份困惑。”H说。

“有时我倒是怀疑‘母性’这个说法，我觉得‘母性’好像并不是天生的，有些女人也并没有‘母性’。我记得有人就诚实地说过，她们并没有多爱孩子，在出现危险的紧急关头，甚至也曾只顾自己逃命而忘记了孩子。”

“可是大部分女人都是在养育过程中被唤醒强大的母爱，越陷越深。我也认识一个超级‘驴友’，她生完孩子二十天就去西藏旅游了，据说在生孩子前她就和婆婆、老公说了，要有自己的时间，要有和原来一样的生活，她只负责生。这种决绝，可不是一般人能做到的。”

“是啊，我想象了一下，我也完全做不到把孩子扔给他人照看，只生不养是我最不能容忍的。我觉得我对这个生命负有太大的责任了，这种责任甚至让我害怕：我预测我做不好一个母亲，我还没有准备去丧失部分自我，我的自我对我来说太重要了。”

“如果你是这样，那么还是要慎重。生孩子后，我特别理解了那些不要孩子的人，我觉得她们是真正负责任的人。看到原来跟我同龄同职位的人，在我要孩子的两年间得到了更好的职业发展机会时，我知道我们的时间分别有了不同的去向，导致了不同的结果。我的成果是一个可爱天真的娃儿，她的结果是一个更牛的职场title（头衔）。生，还是不生，这个问题，想，比不想要好。那些还没生的人，还有选择的余地。要么不生，你就最大限度地去发展自我，将运用于新生命的能量用来发展自我的生命，至少要产生等同的价值；生，就要有心理准备，那一定是不可抗拒地会失去自我，有时候连自己都控制不了自己的责任心。比如，所有的新生儿母亲在夜晚都是睡不沉的，孩子一翻身就知道了，那种天然的责任心就是母婴的天然联系，在身体的密码里。”

（五）

“我现在就是举棋不定。一方面我很反感给母亲安上‘伟大’‘牺牲’这样的词汇，我认为生育本身是一件没有门槛的事，因为所有的动物都在生育啊，它们也没有大肆炫耀自己的母性；而且过多强调母亲的‘牺牲’，对子女是一种窒息，好像总让子女感觉亏欠母亲的，这也给了母亲随意控制孩子的‘资本’。”我说，“但是，另一方面，我又不得不承认，母亲的客观牺牲真是太大了，大到一个正常人最后很难心平气和地甘之如饴。生育对母体生命能量的消耗，是所有雌性生物的代价。在孕育一个生命的过程中，母体的自我必定遭到磨损，从身体到意识，都会部分地转移到新生命上。她身体的气血，供给着胎儿；她的母性本能，让她在相当一段时间内都忘我地照顾着一个脆弱的生命——这个弱小的生命无时无刻不在索要关注和呵护，否则它就存活不下去。看《动物世界》，成年雌性独自生下幼崽，又独自带着孩子在危险的大地上觅食、御敌、传授求生技能，它与孩子形影不离，直到孩子独立——在这个漫长的过程中，雄性早已消失，不参与其中。更不消说，人的幼年和童年，比一般哺乳动物要漫长许多，要源源不断地吸取母亲多少精力和时间。有个叫温尼科特的心理学家甚至说：实际上并没有‘婴儿’这种单独的概念，婴儿是不可能独立存在的，你如果看见一个婴儿，你就一定会同时看到他的妈妈。”

H神情一动：“你大概是我身边对生育考虑得最多的人了。很多人要体验了才会明白很多事，而你很聪明，以至于不体验就看见了本质。”

“但是我并不快乐，我很纠结。不是说‘识不足则多虑’吗？为什么我这么多焦虑呢？我究竟是聪明还是愚笨呢？还有你说的，如果不生，就用于最大限度地发展自我，去实现生命的价值，这听起来很好，可是……”我说，“我很少和人说过的一点是，我常常觉得活着没什么意思，常常在路上走着走着，就会恍惚，不知道为什么会这样活着。所谓去实现什么意义，我却认为所有的一切都毫无意义。宇宙有一天也会消失的。还有，很奇怪的一点是，我竟然会动不动就流眼泪，心里突然充满了悲伤，必须要哭出来，好像生无可恋。”

“你这样有多久了？”

“读高中时就偶尔会这样了，但那只是偶尔，也没这么严重。最近两三年，这样的念头越来越频繁了，人好像突然撞到了黑洞，挣扎着不要被吸进去，很累，又很怕。”

“你可能有抑郁的倾向。可以考虑去看看心理医生。”

“我已经看了许多心理学的书了。我几乎能想象出心理医生会问我什么问题，会对我说什么，这些都在我脑子里演练过一遍了。我不喜欢被一个陌生人窥探和分析。我的心结，我自己已经反反复复检查过许多遍了，另一个人怎么可能比我想得还清楚？”

“多一个尝试也未尝不好。”

“好，我也考虑一下。不说我了，你对以后有什么打算呢？你就这样一直在家带小孩吗？不怕被母亲这个角色彻底吞没吗？”

“小孩三岁之前我是这样了。但我也在准备职业转型，我可能会往更自由的职业方向转。”

“这样也很好。人到中年，各有各自要过关的山岭。下次再见，又不知几年以后了。但愿我们各得其所。”我对H说。

丁克族是一个无足轻重的小bug[1]

2012年12月

L，我的同事

我和L在公司楼下的餐厅吃饭。

（一）

“下个礼拜就是我四十岁的生日。”L说。

“生日快乐！又计划去哪玩呢？”我问。

“这次我打算和我老公去格陵兰岛——‘冰雪王国’，神往已久。”

“这是你去的第几个国家了？”

1 bug，出自电脑程序术语，意为“程序错误”。

“大概第二十六个了吧。”

“真好！有钱人！”

“我们负担小呀，我们俩赚的钱都拿去玩了，到现在也还住那六十平方米的小公寓呢。再说，我们也没有小孩要照看。”

“你是我认识的丁克族里面，目前坚持时间最久的人。”

“换句话说，就是我最老呗。”

“说实话，这些年你就没有一点儿动摇？”

“一点儿也没有。”

“你老公也没有？”

“也没有。我们二十岁就恋爱了，从那时我们就确定不想要孩子，到现在也很坚定。”

“最难得的是，你们父母竟然也没有逼你们。”

“是啊，这也是我们的幸运。虽然我父母有几年也接受不了，唠叨了好几年，后来见我的态度像石头一块，没有一点儿缝隙可钻，也由我了；我老公的父母有两个儿子，老公的哥哥生了孩子，他父母也知道强求没用，就不再说了。两边老人都还算开明。如果真的遇到一哭二闹三上吊的父母，坚持丁克的代价就真的太大了，耗心耗力，而且这个过程会很憋屈，一点儿也谈不上愉悦。”

“你有没有想过一个问题，就是女性的生育年限要短于男性，如果男人有一天突然想要孩子，女人又错过了生育期，岂不是很不公平。”

“放弃完全公平的想法吧，不然只是自找烦恼。多少女人在三十五岁以前慌不择路地找人嫁了，不就是因为生育压力摆在那吗？男人有这样的压力吗？明显没有。不公平就自己想清楚和找出路咯。如果真有一天我老公想要孩子了，我也可以离开他，我有这样的心气和能力，他知道的。”

“你为什么那么早就知道这一辈子都不会想要孩子？”我问L。

“我太爱自由了。很年轻的时候，我就确定自由是我唯一不能放弃的东西。我甚至想过不结婚——如果遇不到和我一样想法的人。我也并不是不喜欢小孩，家里的外甥、侄女们都很可爱，但我不愿意要自己的孩子，那是一生的牵绊。我只是一个普通人，我知道我的时间和精力有限，我要工作养活自己，我要去很多地方，做一些自己想做的事，有了孩子，就不可能兼顾这些。人这一辈子很短，能做好一件事就很不容易了，多线程不是我能应付的，我就想好好过完我想要的生活。”

（二）

“嗯，前段时间一个朋友还和我说，一个女人在怀孕之后，还坚持保留和从前一样完整的‘自我’和‘自由’，那是固执而狂妄的空想。”

“不管一个女人要不要孩子，也不管孩子能给她增添多少幸福，她能明白做母亲总意味着一部分缺失，才是比较健康的状态。”

“是啊，这才是理性的态度。在生孩子前，反复考虑和思量自我得失的女人，看似显得自私、斤斤计较、不近人情，可我渐渐觉得，她们恰恰才是清醒和负责的一群人，因为她们真正重视和考虑了这件事。做母亲意味着付出和缺失，这是一个确凿的事实，并不因为你不喜欢它就不存在。许多女人不愿意看见这些缺失。她觉得应该爱孩子的一切，她觉得一切都应该是值得的。可是，‘应该’只是意识层面的自我说服，并不代表她的真实感受。‘母亲’的失落与失望，后悔与埋怨，都隐藏在潜意识的冰山之下。其实我们随处可看到母亲对子女隐含的攻击，最常见的形式就是唠叨和控制——许多母亲对子女总是不满意的。”

“说真话总是艰难的。没有几个人敢说出母亲对生育、对孩子隐藏的‘敌意’。相反，女人们只是不断劝说女性朋友和自己的女儿：快生一个孩子吧。仿佛这是一件不应该考虑的事情。这或许也是她们对自己的催眠：当母亲是多好的一件事啊，快别想了。但是，我们身边做了母亲的女人，有多少是快乐滋润的榜样呢？怨气满满的倒是很多。还有很多人和我说，有小孩会给你带来很多快乐，可我觉得我已经挺快乐的了，不需要再带来什么更大的快乐。”

“有人说，专注个人发展又慎重生育的人，生的孩子越来越少，而不断依靠本能生育的人，生得却越来越多。那地球迟早被后一种人的后代占领。听起来这个世界不会更好了。”我说。

“好与不好，只是人的主观判断，从大自然的角度看，有什么绝对的好坏呢？天地不仁，万物都是一样的。不管什么物种，繁衍都是基因里的第一诉求吧。我虽然不想要孩子，但我知道，我这样的人永远是极小的比例。有人还说，如果所有人都像你这样不生孩子，那人类早灭亡了。我就笑，我能怎么说呢？这智商真有点感人啊。”

（三）

“我还是希望聪明的人生得多一些，愚蠢的人生得少一些。可惜现实可能恰好相反，我喜欢的很多人都不生孩子。”

“谁？”

“张爱玲啊，简·奥斯汀啊，波伏娃啊，叔本华啊，杨丽萍啊……还有我喜欢的蒙田，他虽然有子女，但也说了，只因为孩子是我们生育的，我们爱他们，把他们称为另一个自己，但另有一样东西也是来自我们，重要性并不亚于孩子——就是我们的心灵产物，它们是我们的智慧、勇气和才干孕育的，比肉体孕育的更加高尚……第二类孩子，我们的心灵产物，它的一切美、典雅和价值都来自我们，它们比其他的一切更能代表我们自己。”

“你这么一说，我感觉我拖了丁克族的后腿，这些人都是天才啊。我只是一个普通人。我赞同他们的理念，他们把生育孩子的时间用在了创造上，这也算另一种‘繁衍’吧——精神作品的‘繁衍’，本质是不是也在追求‘不朽’？让自己的思想和精神在死后仍然留存于世，就好像留下了血脉的绵延一样。而且艺术家的‘后代’，比普通人的子孙要有更大的影响力。”

“我只是无比认同蒙田说的，我们的精神比我们的孩子更能代表我们自己。而很多父母总是寄希望于子女代表父母，可是子女只能代表他们自己啊。”

“我身边有几个朋友就为教育孩子的事头疼，他们说，此生已没有什么目标与追求，孩子成长路上的成败得失，是他们最大的快乐和痛苦源泉。”

“可怜天下父母心。这也是一种可怜啊。”

“我们这么说，是不是有一种站着说话不腰疼的优越感呢？我是丁克，你又未育，我们的想法很容易得罪那些做父母的人。不过呢，你欣赏的丁克人物，对我来说望尘莫及。我不生孩子，但也创造不出什么世代流传的作品，那么，我既没有实在的血脉子孙，也没有超越时空的精神产品留世，对我来说，死了就是死了，没什么留在世间的了。这是不是违背一个生命总要留下什么痕迹的本能呢？也许我这种人就是人类基因中的bug吧，一个无足轻重的小小bug，因为无伤大雅，不会影响物种的整体进程，那么就有我们这种小bug存在的空间。”

（四）

“你怎么知道你留不下什么呢？现在下结论还为时尚早呢。”我说。

“可是我本来也无所谓哇，我一点儿也不执着于是不是要留下什么。人死如灯灭。总想着身后事，多累啊。”

“如果有永生的机会，你想要吗？”

“一个人永生，太孤独太可怕了，如果大家都永生，倒是可以试试。”

“不是有科幻片假设，有一天，可以把头脑和思想从不断衰老的肉体里独立出来——也就是说，身体会死亡，但头脑永远不死，可以一直保持‘我’的意识。”

“可是没有身体作为行动的载体，那光是‘想’，也体验不到什么乐趣了吧。感官带来的许多快乐都消失了，我不能尝到眼前这一份甜水的美味了，人和人也没有触觉上的肌肤相亲了。”

“理论上，这些感官上的感觉，都可以编码成信息，传递给大脑；全知的精神应该是可以体会到一切的。陶渊明说，心为形役。他有无拘无束的灵魂，却不得不束缚在这副皮囊里，为五斗米折腰。卢梭说，人生而自由，却无往不在枷锁之中。我觉得人的身体就是第一重限制和枷锁，然后才有更多的限制和枷锁。”我说。

“你这么一说，有点脑洞大开的感觉。”

“说近一点，我一直在想，生育这个行为，从科学可行性上看，也可以是脱离自然的受孕过程。现在有了体外受精的‘试管婴儿’，在未来也很可能有人造子宫，胎儿孕育也可以在体外完成，如果真的能实现，女性就从天生的孕育者角色里走了出来，基于生育能力差异的性别差异就会接近于零。最直接的变化，女人不一定要做孕育者和照顾者，男人也不一定要做资源提供者。”

“如果性别差异为零，那每个人就接近雌雄同体了。”

“这样很好啊，现在除了生育，有什么事是女人能做而男人不能做的呢？又有什么事是男人能做而女人不能做的呢？人本来就不该自我设限嘛。为什么非要拘泥于自己是纯粹的‘男性’还是‘女性’呢？”

“科技的确拓宽了人的限制，像冷冻卵子，就让女性的生育年限延长了，女人和男人在生育年纪上的不公平也不那么明显了。”L说。

“噢，对啊，你有没有想过冷冻卵子呢？上次E还和我说她有考虑呢。她没有看得上眼的男人，又不愿意随随便便凑合找个人生孩子。冷冻卵子可以让她有更充裕的时间。”

“我是不想了，既然‘铁丁’了，就‘丁’到底。我知道有些人还是会给自己留条后路。”

“你就不怕想法发生变化吗？人毕竟是这世界上最捉摸不定、最容易变化的动物啊。”

“人哪能那么百密无疏、滴水不漏呢？绝对的话说多了也是自打耳光。但是做一个重要决定，一个人心里还是大致有谱的，不至于忽然大翻盘，毕竟都不是三岁小孩了。”

“我就不信任我自己，我觉得我的想法一天都可以变三回。”

“那就没办法了。”

“纠结最消耗精力。我好像一只小白鼠，在躁动又徒劳地原地转圈。”

“纠结还是因为想要的太多，不舍得放弃一部分东西。而不舍得放弃，还是因为你不知道什么才是最重要的。”

“好像说到我的症结了，我的确不知道什么是重要的。生命不可承受之轻。”

“多少人在像你这样轻飘空虚的时候，就赶紧生个孩子出来，充实一下人生了，哈哈哈。”L开着善意的玩笑。

我也无奈地笑起来。

不是孩子需要父母，而是父母需要孩子

2013年1月

P，我的高中闺密

我去S市旅游，P正好在S市定居。我去看望她，P的女儿五个月大。

（一）

“小孩在沙发上，你帮我看一下她，不要让她滚下来，我做完饭就来。”P见到我的第一句话就是这个。

一直到晚上10点，P将小孩哄睡了，我们才坐下来说说话。

“你瘦了好多。你以前整个人是圆圆的，现在是长长的。”我对P说。

“是呢，我的下巴从来没有这么尖过。带孩子是个体力活。”

“我看见了。我看见你一天到晚没停过，看你那么熟练地给小孩擦洗大便，我快不认识你了。我现在还是很怕小孩，你让我看着她，我根本就是手足无措，不知道怎么哄她。”

“等你有小孩你自然就知道啦。”

“啊，为什么大家都爱这么说？当妈和不当妈难道是不同的物种吗？你们这种过来人的语气真的让我很费解呢。”

“我告诉你吧，你今天看到我的忙碌，只是常规级别的，这已经是我得心应手完全能应付的状态。你没看见的，是我在前几个月大哭的样子，还有我抱着女儿大哭的时候。”

“天啊。”

“我家和别人家不一样，大部分人家里都是两边老人抢着带孩子，我们家是我和我老公两个人带，只请了个保姆做饭、做其他家务，今天保姆也休假了。这五个月来，我大概没有一餐饭不是囫囵吞下去的，基本没有时间好好吃饭。第四个月我就开始上班了，上班时间里我老公在家带孩子，幸好他工作时间比较弹性，不用坐班。这房子就租在我公司附近，我十分钟就可以走回来。中午回来喂奶，带娃一两个小时。如果有什么事我也可以请假回家一趟。”

“你们父母不愿意带？”

“我公婆年纪比较大，又是清高的知识分子，无心也无力带孩子。月子期间我妈倒是来了一个月，结果爆发了几次家庭大战，我哭得最多也是在那段时期。”

“怎么？”

“你知道我妈一直不满意我老公，谈恋爱时就反对。我生了孩子之后，她虽然勉强接受了，但看我老公无论如何都不顺眼，到我这里后总是指责他，说他没能力，让我吃苦。他也是自尊心很强的人，忍了一阵之后和我妈顶起嘴来，我谁也劝不住……身体虚弱劳累倒不算最难受的，最难受的是我最在乎的人水火不容。那种难受，表现出来就是向我妈妈和老公发很大的脾气，一边对他们说狠话一边哭，有时候哭着哭着就停不下来，小孩也哭，我看着小孩那么小，觉得人生灰暗极了。现在想想，我那时脾气很坏，根源是因为心里极其难过，无能为力。最后是在一次大争吵中，我让我妈走，我妈是哭着走的。”

“唉，小说和电视剧里的情节，真的在你身上发生了。”

“我现在看电视剧都是冷笑的态度：哼哼，那都算什么呀。”

“不过老人不带小孩也有好处，隔代抚养有很多问题，对小家庭干涉多，夫妻关系也受影响。你们这样，虽然辛苦点，但能按照自己的意愿和节奏来，也是另一种收获。”

“我以前也是这么想的，不希望父母介入我们的小家庭。可现在看到有老人帮忙的夫妻，还是很羡慕。这几个月带小孩的体力强度和意志强度，用脱胎换骨来形容也不为过。”

（二）

我说：“前几天我去郊外爬山，在山顶看到一对父子，父亲苍老黝黑干瘦，儿子高大英俊白净。儿子也就二十出头的样子，父亲却像七十岁的老人，如果不是听见这个年轻人亲口叫他‘爸爸’，我根本辨认不出这是一对父子，差别太大了。看着他们站在一起合影，不知为何令人心酸。”

“我就是这样啊，这半年我已憔悴不少，可我的女儿粉嫩得人人回头望，我的生命力仿佛就这样流到了女儿身上。等她大了，我的模样也衰老了吧。”

“你要对自己好一点儿。”

“顾不上。钱也不经花。粗略算一下吧：我们请保姆一个月要三千多元，房租要三千多元，日常开销三千元左右，有小孩后买了辆车，养车至少一千元，我们就算没有任何额外大宗开销，一个月也要一万元。而且我们现在还在存钱买房——没房，小孩户口、上学都不好解决。所以我根本不敢不上班。”

“生活真是不容易啊。”

“嗯。不过虽说如此，我现在比以前有干劲得多，工作效率也很高。以前在公司东看西瞧，花一天时间的事，我现在三四个小时集中精力做完，就想按时回家多陪陪女儿。以前回家看很多美剧、日剧，现在一分钟也不看了，好像也没关系。”

“你是真爱娃。我想象不了这种生活。你说等我生了就知道了，我最敏感的就是这句话，万一我生了之后一点儿也不爱这个小孩呢？”

“你会爱的，你能这么想，就代表你已经很在乎小孩的想法了，你在乎他过得好不好，那么你肯定会对他好的。”

“你还真是相信我呢，我自己都不相信我自己。”

“不管带孩子多么辛苦，有了女儿之后，我才知道，这世界上有让我这么去爱的人。”

“为什么这么说？”

“‘爱’这个字太虚了，爱是一件奢侈品，活着已经不容易。虽然我性格大大咧咧，没什么烦恼，但对爱，确实也是无知的。从小我就看我爸天天喝酒喝得大醉，我家全靠我妈妈撑起来，所以也造就了我妈强势的性格，我妈风风火火做生意，不强势也不行。我没有穷过饿过，但也没怎么享受过家的温暖。我不知道温柔是怎么一回事。年少时我就觉得应该会有更好的‘家’等着我——我自己结婚以后创造的家。和A谈恋爱后，我渐渐发现自己继承了我爸喜怒无常的性格，怎么也改不了，从A身上，我更多地是在索取稳定的安全感，一旦受挫就怀疑人生。直到有了女儿，我第一次知道什么是真的温柔——就是我对我女儿的感情。有了她之后，我好像心安下来了，我在这个世界上仿佛有了归宿——就是这么一种奇怪的感觉。”

（三）

“你的这种体验，验证了我的一个观察：与其说孩子需要父母，不如说父母更需要孩子。我常常觉得，有许多成年人是靠着小孩才活下来。儿童总是盼望着长大，渴望成为有力量的大人，其实呢，有力量的大人真的很少呢，大人反而要通过小孩来获得力量。只是小孩不知道他们身上珍贵的天赋罢了。大人要从孩子身上吸收力量，就是那种好奇的、干净的、生长的、不矫揉造作的、浑然天成的美和力量。这是大自然的赐予，大人自己已经缺失了，分裂了，于是衷心地赞叹和拥抱。”

“你这么一说，我想想还真是。有时候我拼命嗅我女儿身上的味道，拼命地亲吻她，那种婴儿特有的清新无邪，让我元气满满、满血复活。我真的挺需要她的，她已经是我情感中最重要的一部分，她牵扯我的喜怒哀乐，我不敢想象没有她的生活。”

“不过我还是要提醒你一下啊，女人最容易犯的错误，就是亲子关系凌驾于夫妻关系之上，你的情感重心将来还是要转移到你老公身上来才行呢。”

“我知道这个说法。不过有了孩子以后，我真实的感觉是，以前觉得比天大的男女之间的爱情，真的比不过我和孩子之间的天然感情。老公呢，不再是‘没他不行’了，我不再被动指望男人给我什么，现在是我给我孩子的时候了，只要能对孩子好的，我都可以高效率地找到解决方法。我可能很长一段时间都不会为男人伤神了。”

“这还是有点危险呢。如果夫妻之间没有高质量的情感关系，那么小孩也体会不到和谐亲密的家庭——这才是孩子最需要的环境。另外，如果你一股脑儿把全部热情投注到女儿身上，会不会造就一种结果：如果哪一天她不按你期望的来，你会不会非常失望和愤怒呢？就像你妈妈对你那样呢？”

“有好几次，我看着女儿，忽然想到她有一天会跟一个男人走了，那个男人不可能像我这么爱她，我还真的恐慌了，有那么一瞬间我好像理解了我妈对我的干涉，她是真的想让我过得好。”

（四）

“可是你明明知道，你妈对你的干涉只会让你更痛苦。你怎么能重走你妈的道路呢？我理解女儿给你带来的变化，可过度放大母爱的重要性，觉得没有任何人能替代，是不是也走入了狭隘的控制呢？”我说。

“你说话还是这么不客气。我也是有了孩子才知道，母亲对子女的牵挂真的是没法左右的。有时候那种母爱一上来，就像一条大河涨潮，要把自己吞没了。在我冷静的时候，我会告诉自己，要控制这种汹涌的本能；我会告诉我自己，不要成为我妈妈那样明明爱女儿却爱得失败的母亲。但当妈妈的体验，真的让我不再一味反感我妈了，我能看见她强势底下的内核，是关心和害怕。”

“嗯，你应该会和你妈妈不一样的。我看你对女儿说的每一句话都是那么温柔那么有耐心。”

“有时候我在女儿身上恍惚回到小时候。我跟你说一件真事吧。前天早教机里唱着儿歌，我就坐在那扇窗户前，抱着女儿一起听，我也跟着音乐哼。有首儿歌我以前听过无数次，可那一天我忽然发现真好听，是那首《蜗牛与黄鹂鸟》。歌里不是这样唱吗：‘蜗牛背着那重重的壳呀，一步一步地往上爬，阿树阿上两只黄鹂鸟，阿嘻阿嘻哈哈在笑它，葡萄成熟还早得很哪，现在上来干什么？阿黄阿黄鹂鸟，你不要笑，等我爬上它就成熟了。’唱到最后一句，我的眼泪忽然就掉下来了。我觉得我就像那只蜗牛，一步一步地努力接近我想要的生活，尽力摆脱原生家庭的影响，虽然现在也并不那么成功，而且还走了一些弯路，受到一些委屈，但现在总还是看得到希望。我能够在这个城市立足，我很快就能买得起自己的房子，我再也没有小时候父亲酗酒和我妈大吵而我无助痛苦的时刻了。我不知道前面有什么等着我，或许真正的幸福还早得很，但我就这样一直继续，也许等我走到某个地步，就像那儿歌里唱的，一切到那个时候就自然成熟了。”

“你能这么想，我真为你高兴。我明白你说的那种感觉，你抱着的是女儿，又何尝不是在补偿小时候的自己呢？你温柔地对待女儿，同时也是在温柔地对待你的过去。”

“所以，女儿给了我重新活一次的感觉。你呢？你不敢要小孩，和你父母离婚有没有关系呢？”

“不知道。我也是在尽力避免我父母离婚对我的影响——我很小就有这样的自觉。在我们那个小县城，我最讨厌别人因为我父母离婚而拿异样的眼光看我，这有什么怪异的呢？我也不确定我对生孩子抱有极大的怀疑是否和这有关，就好像一只鱼不知道自己生活在怎样的水里。但我始终觉得，关系应该不大吧。”

“据说，单亲家庭的孩子，对生育的态度会走两种极端，一种就是对孩子很淡漠，完全不愿意生孩子；另一种就是很热切地要为孩子提供一个美满稳定的家庭，你是哪一种？”

“这两种其实是一种吧。冷漠和热切的背后，都是没有信心。”我说。

聪明人都悲观?

2013年3月

C和T，我的前同事

C搬家，邀请我和T一起到她的新家吃饭。饭毕，我们就着一盘水果，斜靠在沙发上闲聊起来。

（一）

“你看现在下午3点的阳光，直白、晃眼，这让我想起小时候，上小学之前，午睡醒来，就是这样的光线。”C说，“我那时住在一个院子里，下午3点是一天中最安静的时候，安静得让我不适应，安静得仿佛时间永远也没有结束的时候。这让我很小就有一种‘这辈子怎么也过不完’的惆怅。”

“我最敏感的时刻是黄昏，”T说，“我就是传说中的‘留守儿童’，我两岁就被父母扔给奶奶带。每到黄昏的时候，别人家的父母都回家了，只有我看不见爸爸妈妈。我就很讨厌黄昏，直到现在，每到黄昏我就有一种压抑的情绪。”

“啊，原来你是‘留守儿童’啊，以前没听你说过？”我有点惊讶。

“我很少提这个。直到现在我都很不喜欢小孩——估计和我那时养成的心性有关。我那时就觉得，我和别的小孩不一样，我一个人默默想了很多事，而旁边那些小伙伴都很幼稚，很多想法和他们说了也不懂。我现在看到小孩就躲着走，就觉得麻烦。”

“难怪你不愿意生孩子。”我说。

“我对小孩特别没有耐心，烦死了。我从来就没有觉得小孩可爱过。”

“我也是，”C说，“每次看到那些晒孩子照片的，简直比看国产烂片还要避之不及。我不愿意要小孩，主要是因为，我没觉得父母和子女之间是多愉快的关系。我活了三十年，在我的记忆里，就没有和父母关系很好的时候，好像大多时候都是陌生人，我不懂他们的世界，他们也不懂我的。既然，我和我的父母是这样，那我和我未来的子女，很大可能也是这样，这有什么意思呢？”

“好像还真是，”我点头，“其实许多父母和子女的关系都不太好呢。我总怀疑那些其乐融融的画面只出现在一些宣传片里，在我身边，父母和子女相互怨恨的也不少啊。”

“我甚至都谈不上恨我父母，我们就像陌生人一样。”C说，“从小我妈对我就比较冷漠，一说话就是很凶的样子，当然她对别人也比较凶，她好像一直过得很不满意。我弟弟就爱撒娇一些，和我妈妈关系也好一些，我好像就是家庭里的局外人。从小到大，我和他们没有什么话可说。如果要我养一个孩子，估计我也不知道和他说什么。”

“我也觉得父母是很没必要去做的角色。”T说，“我们究竟要从孩子身上得到什么呢？孩子像我们？孩子听我们的话？孩子满足我们的愿望？——这都是傻傻的徒劳吧。孩子和父母最有可能成为完全不同类型的人。父母是成功商人的，孩子可能特别讨厌做生意；父母是教授的，孩子可能就喜欢修理汽车。我希望懒散地过完这辈子，我对孩子的期望，就是能够陪我喝茶、聊天、看足球。要是真的生个孩子出来，他可能还会嫌弃我这样的父母不够上进，没有给他提供优越的条件。”

（二）

“中国文化里最缺的就是对亲子关系的客观认识吧？总是认为子女是父母的一部分，必须沿袭父母的想法和生活方式。西方文化讲究个体灵魂，从根本上就把父母和子女的人格分离开了。

现在我们更多认同西方的观念，是因为它更符合人性。或者说，它更贴近真相。”C说。

“我同意，”我说，“中国人总没太想清楚‘孩子究竟是谁的’这个问题。一个‘孝’字盖下来，压住了一切人的独立意志。在传说里，有一个‘异类’尤其有象征意义——就是哪吒。哪吒叛逆乖张，他爹李靖迂腐怕事，后来哪吒闯祸，不容于父母，于是割肉还母，剔骨还父，灵魂不死，附身在莲花、莲藕上，在新的肉体上获得重生。这个人物太胆大了，敢于割开与父母的血亲联系，宣扬‘从此我身我做主’的精神，在中国传说里太罕见了。”

“我小时候看电视剧《封神榜》，看到哪吒给自己割肉的镜头，吓得不轻，觉得他父母好残忍。”C说，“不过哪吒这个故事也说明了，要想摆脱父母的精神控制，代价是血淋淋的。在我们的话语习惯里，强调的永远是父母给了子女太多，子女永远都还不清，只有割肉才算勉强两清——想想也是挺可怕的。我觉得哪吒说的就是一个赎身的故事，在我们这儿，一个人是被抵押给父母的，他没有自主权，他要付出很高的代价才能赎回自己。”

“孩子究竟是谁的？从人格上说，孩子不是父母的，不是他自己以外的任何人的，他只是他自己的。稍微通情达理的父母其实想得通这个道理。”我说。

“如果想通这个问题，做父母的可以少很多烦恼啊。”T说，

“当然，很多父母就是需要这些烦恼来和子女绑在一起。不然，他们都不知道该做什么事了。”

（三）

“养小孩还有一个很实际的问题，那就是小孩一定会让人深深地陷入无穷尽的俗事当中去，不可动弹。”T说，“我眼见一些人，本来是超脱飘逸的，个人选择也很多，有了小孩之后，就不得不找一份稳定的工作，打一份工，老老实实地搵食、讨价还价、瞻前顾后，生活彻底变成应付式的谋生了，最后成了一个无趣透顶的人。”

“虽然现实确实有这样的人，我还是有不同意见。”我说，“在你刚才提到的情况里，我认为孩子更像是替罪羔羊，是这个人本身就注定要无趣平庸，他就算没有孩子，也会沦落到那个地步的。有几个人能逃脱最后不平庸的命运呢？”

“好吧，那我还是要挣扎一下的，我不会就这么向‘庸俗’投降。我才不想为了一个小屁孩的户口、幼儿园、学区房等，投入到我不认同的生活方式中。成为一个我反对的人、一个犬儒的人，那太糟糕了。”T说。

“可是很多人根本就没有觉得自己的生活有任何问题。放羊娃可以‘放羊—娶媳妇—生娃—娃放羊’地一直循环下去。”我说。

“那你可以过这样的生活吗？”T直问我。

“啊，我也不行。”我说，“我虽然没有愤世嫉俗到你这种地步，但也有许多看不惯的地方。可是呢，又没有勇气和看不惯的世俗生活彻底断绝关系，彻底地说‘不’。就拿小孩的成长轨迹来说吧，我说不清一个人到底是要奋斗呢还是不奋斗呢？是要努力通过竞争成为这社会上被认可的人，还是做个闲云野鹤自得其乐的人呢？回想我自己从小到大的生活，好像并没有什么可选择的余地，只是不断地被推着往前走，小学考初中，初中考高中，高中考大学，大学后又找份工作，不这么做就没有立足之地，好像就是为了生存。如果说我不喜欢这样的生活吧，我又跳不出这按部就班的轨迹，我并没有挑战和颠覆这一切的能力。我很羡慕那些‘出格’的人，可能越是渴望，越是说明了自己摆脱不了这固有的步调吧。所以我的困惑在于：究竟什么样的生活是我想要的？我又如何去实现这样的生活？我自己就是一个充满疑惑的案例，那么，我自己都没有搞明白，我怎么去对待我的子女？我怎么能一边怀疑这些一边又鞭策他去考试，去找一份糊口的工作？这对另一个生命是太敷衍了。”

“可是，反过来好像也不对。”C说，“如果说一个人有很多不明确的东西，不适合做父母的话，那么，有一套固若金汤的价值观的人也不一定适合。固执的、好为人师的，却不知道自己错误的父母，那不是更大的灾难吗？我不愿意养育孩子，也是因为，我没有‘好为人师’的冲动和欲望。”

（四）

“你们有没有发现，”我说，“不愿意生孩子的人，像我们，都是偏悲观的人？我们确实容易把事情往不好的方向，甚至是最坏的方向去想。”

“聪明人才悲观啊。悲观是一种远见。傻子最开心。我们还不够深刻和悲观。我一直觉得，厌世者才是真正的哲学家，他们的冷峻与孤傲，相比起热闹庸众的花哨，才是冷静的高级灰，散发出超凡智慧的光泽。为什么要做一只快乐的猪呢？”C说。

“我不是悲观，是讲求实际。”T停了一下，又说，“不过，我确实也乐观不起来。或者说，我是一个疏离的人。我看到很多人在用力地生存，我不知道他们究竟在图什么？每个人的快乐和不幸都是一个固定值，这并不是人力可以更改的。追来追去，快乐还是那个份额，不幸也还是不可避免。特别是那些乐此不疲的‘为了孩子，为了孩子，一切为了孩子’的人，不好意思，我一点儿也不羡慕。”

C说：“我也觉得人生大部分时间是索然无味的。我知道我要这样一天一天地生活下去，但是并不指望活得有多兴高采烈。你们说，如果聪明是天生的，那么悲观是不是也是天生的呢？”

“这可问了一个难题，”我说，“我想，还是天生的成分比较多吧？但是，我们不能否认，成长环境确实也塑造了我们许多不由自主的观念，比如我们三个人，对亲子关系都不是很乐观和期待，这是巧合吗？至少我们有一个共同点，就是我们和父母的关系都不怎么亲密。”

“还真是，”C说，“仔细想想，我不仅对小孩缺乏耐心，我对许多人际关系都缺乏耐心。很长一段时间里，我以为天底下所有的家庭都和我们家一样冷冰冰的，我以为这就是常态。直到有一天我突然发现不是这样的，但这样的发现已经成了我无法体验和理解的东西，它就像一幅壁画一样，我知道它是存在的，但我理解不了，也和我的生活无关。”

我说：“我们不想要孩子，与我们不愉快的童年回忆有关。也因为这样，我们比一般人更明白父母对子女的意义，更害怕做一个让子女不愉快的父母，更害怕让我们的命运在下一代重演。我们这样，并不是潇洒个性的丁克族，典型的丁克族是很开心地找到了除孩子以外的值得花时间的事。我们这样的，是有隐痛的症结，自己无法面对和解决。”

“让我想象一下，如果我不是从小被父母抛在偏远的农村长大，如果我有一对富裕、开明和睿智的父母，他们愿意花时间陪我，我是不是和现在不一样呢？答案几乎是肯定的。《蝴蝶效应》里，一件微不足道的小事都能引发一个人未来的重大转折，何况我的父母呢？”T说，“如果是这另外一种可能，我是不是就是一个热爱家庭生活、积极乐观的人了呢？只能说有可能，但也无法确切地验证了。我只有接受我既定的事实，现在的我之所以成为现在的我，是由无数‘因’造成的，我无力推翻它。”

“是啊，每当想到我会成为另一个生命幸福与否的重大的‘因’，我就感到沉重和犹豫。”我说。

“我连照顾自己都很吃力，还是不要牵连我的后代吧。”C的脸上露出自嘲又坦然的笑，“我算是loser（失败者）吗？资源丰厚和资源贫瘠的人都倾向于生更多后代，我虽然不贫瘠，但也是自给自足而已，分不出更多的东西给他人。”

“真正贫穷的父母，从来不会认为自己穷到养不起孩子，只有受过一些教育的年轻人才有这样的担忧。老人家说，孩子怎么都能养活。是啊，像养只野猫野狗一样，当然怎么都能养活，问题是，我们还可能那么去养孩子吗？我虽然不喜欢过于精细的教育，但太粗糙的放养，还是没必要养了。因为小时候我对我父母一直有疑问：为什么生下我来又不愿意把我带在身边？很多大人都说，你父母有不得已的苦衷。我就想，那为什么又要生下我呢？”T说。

“看来，父母很大程度上决定了他们的子女愿不愿意成为父母——这样的结论，其实很宿命论。还有比这更悲观的事实吗？不仅仅悲观，而且悲伤。”我说。

“呃，三个悲观的人在一起聊，话题就会越来越低气压噢。”C说。

“其实很多时候我认为人不要过于追本溯源，活在当下吧，我们能改变的本来就不多。”T说，“今朝有酒今朝醉，美食总能救赎我。我们整顿一下，再来准备晚上的大餐吧。”

父母不是上帝
而被迫处于神的地位

2013年5月

深夜1点，我在书中与张爱玲会面，与她交谈。[1]

（一）

我：你没有孩子。你怎么看待小孩？

张爱玲：我一向是对于年纪大一点儿的人感到亲切，对于和自己差不多岁数的人稍微有点看不起，对于小孩则是尊重与恐惧，完全敬而远之。倒不是因这“后生可畏”。多半他们长大成人之后也都是很平凡的，还不如我们这一代也说不定。因为小孩

1 本节所拟张爱玲语，大部分出自她的原作，本节有改编，原文可参见《造人》《必也正名乎》《童言无忌》《私语》《天才梦》《我看苏青》等。

是从生命的泉源里分出来的一点儿新的力量，所以可敬，可怖。

我：我对小孩也是敬而远之。我从来不想去逗他们。所有的大人都是从小孩长成的，在我眼里，小孩就是大人。我不知道和一个大人怎么相处，所以……我也不知道如何和一个小孩相处。

张爱玲：小孩不像我们想象得那么糊涂。父母大都不懂得子女，而子女往往看穿了父母的为人。我记得很清楚，小时候怎样渴望把我所知道的全部吐露出来，把长辈们大大地吓唬一下。青年的特点是善忘，才过了儿童时代便把儿童心理忘得干干净净，直到老年，又渐渐和儿童接近起来，中间隔了一个时期，俗障最深，与孩子们完全失去接触——刚巧这便是生孩子的时候。

我：说得太对了。许多人一边抱怨父母，一边又成为父母的翻版，用同样讨厌的方式对待自己的小孩。看到有的大人把小孩当小傻瓜或宠物，随意玩弄和控制他们，我就会产生生理上的恶心：难道他们自己从来没有当过小孩？我记得很清楚，我五岁时就已经在想，大人为什么如此愚笨？可等到了十岁他们还把我当什么都不懂的小孩。我在心里已经偷偷地不屑他们好多年了。小时候的事，我还没忘记。我一直记得。

张爱玲：无怪生孩子的可以生了又生。他们把小孩看作有趣的小傻子，可笑又可爱的累赘。他们不觉得孩子的眼睛的可怕——那么认真的眼睛，像末日审判的时候，天使的眼睛。

我：我也害怕孩子的眼睛。我担心，这样一双眼睛有一天会认真地问我：为什么要把我生下来？

张爱玲：人们凭空制造出这样一双眼睛，……凭空制造了一个人，然后半饥半饱半明半昧地养大他……造人是危险的工作。做父母的不是上帝而被迫处于神的地位。即使你慎重从事，生孩子以前把一切都给他筹备好了，还保不定他会成为何等样的人物。若是他还没下地之前，一切的环境就是于他不利的，那他是绝少成功的机会——注定了。

我：就是这样！做父母的不是上帝而被迫处于神的地位——没有人比你说得更精准了！一个人最关键的宿命就是由他的父母决定了。真不知道为什么还有那么多人敢生孩子！

张爱玲：兽类有天生的慈爱，也有天生的残酷，于是在血肉淋漓的生存竞争中一代一代活了下来。……自然的作风是惊人的浪费——一条鱼产下几百万鱼子，被其他的水族吞噬之下，单剩下不多的几个侥幸孵成小鱼。为什么我们也要这样地浪费我们的骨血呢？文明人是相当值钱的动物，喂养，教养，处处需要巨大的耗费。我们的精力有限，在世的时间也有限，可做、该做的事又有那么多——凭什么我们要大量制造一批迟早要被淘汰的废物？

我：我可以理解你说这句话的语境。在你生活的时代，在半个多世纪以前，避孕还没有普及，婴儿死亡率也极高。生育行为看起来的确是“极大的浪费”。

现代文明已经不一样：越是文明程度高的地方，生育率反而越低。一个人受完文明教育已经要花许多年，结婚也成了一件辛苦而不紧迫的事，再也不愿意将宝贵的个人时间用在下一代高难度的文明育儿上。

至于大量生育带来“废物”，这样的论调估计会让许多人跳脚，刺痛他们的神经。许多人活得如蝼蚁，而且无法改变自身命运，可是又绝不愿意接受这个事实，还是要多多益善——哪怕是最差的东西，也要越多越好。

张爱玲：我们的天性是要人种滋长繁殖，多多地生，生了又生。我们自己是要死的，可是我们的种子遍布于大地。然而，是什么样的不幸的种子，仇恨的种子！

我：对啊，多少人生来就继承了上一代的不幸，上一代的无力与仇恨——多么可怜与无辜。多少上一代只管得意扬扬地生，也不管生下来的人幸福与否。

（二）

我：你很会给小说里的人物取名字，比如“顾曼桢”“白流苏”“葛微龙”，个个精巧，与人物个性也很贴近，为何没给自己取个笔名？

张爱玲：我自己有一个恶俗不堪的名字，明知其俗却不打算换一个。我之所以恋恋于我的名字，还是为了取名字的时候那一点回忆。十岁的时候，我母亲主张送我进学校，我父亲一再地大闹不依，到底我母亲像拐卖人口一般，硬把我送去了。在填写入学证的时候，她一时踌躇着不知道填什么名字好。我的小名叫瑛，张瑛两个字嗡嗡地不甚响亮。她支着头想了一会儿，说，暂且把英文名字胡乱译两个字吧——就是爱玲。她一直打算替我改而没有改，到现在，我却不愿意改了。

我：你妈妈是个什么样的女人？

张爱玲：我一直是用一种罗曼蒂克的爱来爱着我母亲的，她是位美丽而敏感的女人。而且我很少有机会和她接触，我四岁的时候她就出洋去了，几次回来又走了。在孩子的眼里她是辽远而神秘的。有两趟她领我出去，穿过马路的时候，偶尔拉住我的手，便觉得一种生疏的刺激性。

我：她为什么会离开子女出国呢？

张爱玲：我妈妈虽然生在一个旧式大家族里，从小缠足，在思想上却受"五四"的影响很深。我父亲在婚后抽鸦片娶小妾，她不再爱我父亲。我四岁时，我母亲就和我姑姑相偕出国留学。从此一直常住在国外，只偶尔回国短住。她踏着一双三寸金莲横跨两个时代，还在瑞士阿尔卑斯山学会了滑雪，滑得很好。

她常对我和弟弟说，不要哭，弱者才哭。

她是湖南人，她总说，湖南人最勇敢。她就是一个勇敢的女人。她还是个学校迷，热烈地爱着西方的城市和文化。她在欧洲进美术学校，1948年在马来亚侨校教过半年书。她书油画，跟徐悲鸿、蒋碧薇、常书鸿都熟识。‘珍珠港事变’后她从新加坡逃难到印度，曾经做过尼赫鲁的两个姐姐的秘书。1951年在英国又一度下厂做女工制皮包。

我：她很有现代意识。做了许多一般女人做不到的事。

张爱玲：她信奉男女平等，我的教育机会是她为我争取来的。在离婚协议上，她特地注明，我的教育权必须得到保障，倒是没有提我弟弟。因为我妈总以为，我爸就一个儿子，总不可能不让儿子读书的。结果我弟弟在私塾里读了许多年，因为我妈妈的坚持，我反而比我的弟弟受到了更多的现代教育。

我的妈妈，是女人也会爱慕的那种女人。很美，又有品位和主见。我姑姑说爱她，我的表姐们把她当“仙女教母”。

（三）

我：你爱你的爸爸吗？

张爱玲：也许是受我妈妈的影响，我有海阔天空的计划，中学毕业后要到英国去读大学，有一个时期我想学画卡通影片，尽量把中国画的作风介绍到美国去。我要比林语堂还出风头，我要穿最别致的衣服，周游世界，在上海自己有房子，过一种干脆利落的生活。

在我父亲的家，那里什么我都看不起，鸦片、教我弟弟做《汉高祖论》的老先生、章回小说，懒洋洋灰扑扑地活下去。……我把世界强行分作两半，光明与黑暗，善与恶，神与魔。属于我父亲这一边的必定是不好的。虽然有时候我也喜欢，……屋里乱摊着的小报，直到现在，大叠的小报仍然给我一种回家的感觉。看着小报，和我父亲谈谈亲戚间的笑话——我知道他是寂寞的，在寂寞的时候他喜欢我。父亲的房间里永远是下午，在那里坐久了便觉得沉下去，沉下去。

我：你的心并不在你父亲的这个家里。

张爱玲：是的。而且，我父亲后来又结婚了。我姑姑初次告诉我这消息，是在夏夜的小阳台上。我哭了，因为看过太多的关于后母的小说，万万没想到会应在我身上。我只有一个迫切的感觉：无论如何不能让这件事发生。如果那女人就在眼前，伏在铁栏杆上，我必定把她从阳台上推下去，一了百了。

——当然，这是少女的臆想。父亲到底是结婚了。

我住在学校里，很少回家，在家里虽然看到我弟弟与保姆受到后母的刁难，非常不平，但是因为实在难得回来，也客客气气敷衍过去了。

中学毕业那年，母亲回国来。……我到我母亲处住了两个礼拜。回来那天，受我后母的挑唆，我父亲非常生气，揪住我打了我一顿，拳足交加，我觉得我的头偏到这一边，又偏到那一边，无数次，耳朵也震聋了。

我父亲扬言说要用手枪打死我。我暂时被监禁在空房里，我生在里面的这座房屋忽然变成生疏的了，像月光底下，黑影中现出青白的粉墙，片面的，癫狂的。

我：这次经历，必定令你刻骨铭心。

张爱玲：我也知道我父亲决不能把我弄死，不过关几年，等我放出来的时候已经不是我了。数星期内我已经老了许多年。我把手紧紧捏着阳台上的木栏杆，仿佛木头上可以榨出水来。头上是赫赫的蓝天，那时候的天是有声音的，因为满天的飞机。我希望有个炸弹掉在我们家，就同他们死在一起我也愿意。

终于，我找了一个机会逃到母亲家。那年夏天我弟弟也跟着来了，带了一双报纸包着的篮球鞋，说他不回去了。我母亲解释给他听，她的经济力量只能负担一个人的教养费，因此无法收留他。他哭了，我在旁边也哭了。后来他回去了，带着那双篮球鞋。

（四）

我：与你母亲分开这么多年，到了十七岁那年，你终于和她住在了一起。

张爱玲：现在想来，虽然我母亲很坚强利落，但她并不是一个快乐的女人。

关于很小时候和我母亲的记忆，我只有一些模糊的片段。我记得每天早上女佣把我抱到她床上去，是铜床，我爬在方格子青锦被上，跟着她不知所云地背唐诗。

她才醒过来总是不快乐的，和我玩了许久方才高兴起来。

她和我姑姑一同出洋去，上船的那天她伏在竹床上痛哭，绿衣绿裙上面钉有抽搐发光的小片子。……我叫她，她不理我，只是哭。她睡在那里像船舱的玻璃上反映的海，绿色的小薄片，然而有海洋的无穷尽的颠簸悲恸。

我：从你父亲家里逃到你母亲那里，你和她相处得好吗？

张爱玲：她那时候处于并不宽裕的窘境，还要负担我去英国留学的学费，所以，一切都尴尬起来了。

我母亲想培养我成为清丽的淑女，而我一则不美丽，二则在人际交往上很笨，完全不是她理想中的女儿，我感到非常困难。同时，我看得出我母亲是为我牺牲了许多，而且一直在怀疑着我是否值得这些牺牲。我也怀疑着。常常我一个人在公寓的屋顶阳台上转来转去，西班牙式的白墙在蓝天上割出断然的条与块，仰脸向着当头的烈日，我觉得我是赤裸裸地站在天底下了，被裁判着像一切的惶惑的未成年的人，因于过度的自夸与自鄙。

我是爱我的母亲的，可是，我三天两天伸手问我母亲要钱，为她的脾气磨难着，为自己的忘恩负义磨难着，那些琐屑的难堪，一点点毁了我的爱。

这时候，母亲的家不复是柔和的了。

我：所以你爱钱。我也爱钱。我们都明白，唯有钱能保障我们想要的爱。我父母离婚后，我父亲大约为了报复我母亲，只给我很少的生活费，我母亲于是把我父亲告上了法庭。他们并不穷，可我从小就知道了找父母要钱的尴尬。我最怕他们说："你找那边要钱去。"所以我的愿望很强烈：以后有很多钱，有自己的房子，那才是自己做主的家，不受任何人牵制。

张爱玲：二十岁以后，我急迫地想多赚点钱，还清母亲给我的钱。年少的时候，我竭力想让我的母亲认可我，可讨好她是一件吃力的事。她并不知道，在不知不觉中，我对她的感情变化了。她总以为我父亲伤了我的心，她哪里知道，我在乎她多得多，只有我在乎的人才能伤我的心。

许多年以后，我觉得我和我母亲之间，也就是钱的关系了：我把欠她的钱还了，我们彼此就两不相干了。我学会了硬着心肠对待她。我在上海文坛开创了一条路之后，她又一次回国，送了一对翡翠耳环给我，而我留了一年多也没戴过，最终下决心把耳环卖掉了，因为那副耳环总让我想起我母亲。我不愿意想起。

我：你的妈妈让你如此难受。可你仍要保持不在乎的样子。

张爱玲：我记得，后来我到了美国，我已经三十几岁了，看了一个棒球员的纪录片，我哭得呼哧呼哧的，几乎号啕起来。那个棒球员从小就被父亲培养，压力太大，无论怎样卖力也讨不了父亲的欢心，成功后终于发了神经病，赢了一局之后，沿着看台一路攀着铁丝网乱嚷：看见没有？我打中了！我打中了！他让我想起了我与我母亲。

又过了许多年，我母亲临终时在欧洲写信给我，说只想见我一面。我也没去。我的灵魂好像灌入了铁，对她，再也柔软不起来了。

我：你母亲对你影响很大，可能连你自己都不知道。

张爱玲：我这样对她，我知道，我自己也没有什么好下场。我从来不想要孩子，也许一部分原因是觉得，如果我有小孩，一定会对我坏，替我母亲报仇。

我：你这么说，我听了很难过。你是女神，你的桀骜就是你的光环，而你的天才配得上你的桀骜。可我还是得说，你很孤独，也有隐藏很深的脆弱，你想要的母爱，从来没有得到过。这么说也许把你拉回到了一个普通人的位置。可真相就是如此：你渴望母爱，可是母亲缺失，在你逃离父亲、最需要母亲的时候，她虽然收容了你，却又对你严苛，并没有给你温暖。你对你母亲有渴望，可又不敢要，因为要了也是被拒绝；你对母亲有怨恨，可又不敢承认这怨恨，只得把对母亲的攻击转化成对自己的攻击：你未来的小孩会像你对待你母亲一样，对待你。你用否认自己的方式来完成对母亲的攻击和报复。

张爱玲：你这么不留情地点评我，我并不生气。也许你是对的，可是，人就是这样：关于自己的真相，我们并不愿意完全去了解清楚。

我是写小说的，对于小说里的每个人物，我把他们人生的来龙去脉看得很清楚。即使原先有憎恶的心，看明白之后，也只有哀矜。

可是，我并没有看明白自己。我宽恕不了我生命中的人，我也宽恕不了我自己。

我：你表面这样冷漠，却写了最深刻动人的爱情故事，只不过，那些爱情中的人都被其他的东西折磨成了畸形，都处在残酷的环境里。

张爱玲：人生整个是寒冷的。爱情是一团红泥小火炉，在一个凋敝的角落，小小的、怯怯的，这个惨淡的隆冬的世界就去那团小火炉取暖，拥上前去，扑出一阵阵的冷风，那小火苗若隐若现，就快要被吹灭了——然而终究还是没有。这就是我眼里的人生和爱情。

第2辑 修炼成为一个“人”

噩梦：从无底的黑洞爬上来的幽魂……

2013年6月

X，我约的心理咨询师

6月的一天，晌午过后，暴雨滂沱。我在白色的大雨中艰难地辟出一条道，来到X的寓所。这是我第三次见她。前两次的聊天，消除了我相当一部分的防备。我把她当作一个很好的倾诉对象。

（一）

“雨下得很大，”我说，“也不知道是什么驱使我来到这儿。”

“你说呢？”X温和地望着我。她有一种魔力，能让人放松下来。

“大概是因为有些问题在我的脑中存在了很长时间，像一个肿瘤越长越大，要让我窒息了。和我脑子里发生的事情比起来，外面的暴风雨根本不值一提。”

“嗯，上次你说过，你很纠结，不知道要不要生孩子。”

“哈，是啊。我是不是很古怪？我是不是第一个因为这样的问题而来到你这里的人？我是不是不可理喻、小题大做？”

“在我这儿，没有什么是不可理喻的，你先别急着评判自己。你不需要和别人比较，你只要诚实地面对你的念头。况且你很清楚，你并不是小题大做。上次你说了很多对生育的看法，让我佩服的是，你比很多人都诚实，而且有些观点也让我有了新的思考。”

“谢谢你能这么说……我自己也没有想到，我快要被这样的问题逼疯。我就像站在直升机的机舱前，在很高很高的空中，有个声音不断地对我说，往下跳，往下跳，而我死死扒住一个把手，往下看，那是令人眩晕的深渊……”

“生小孩的决定让你这样恐惧？”

“是啊。”

“不生又会怎样呢？”

“其实也并不会怎样。我身边有不少人不生孩子，我的生活环境也相对开明和包容。唯一的变化可能是我的婚姻，我的丈夫是很明确要孩子的，如果因为生理原因无法生育，他可以理解，但如果是出于个人意愿，他无法接受。如果我真的不生孩子，我也不愿意耽误他的时间。”

“你上次也说了，你并不害怕离婚。”

“是的。”

“那你在怕什么呢？”

“我想……是因为对自己没有交代。这其中最大的问题在于，我并不是坚定的不生主义者，我无法说服自己：好了，想好了，不生了；就像我无法说服自己：好了，现在可以生了。这两者的犹豫程度对我而言是一样的。我给了自己一个deadline（最后期限），可是当deadline越来越靠近，我不仅没有想得更清楚，反而更纠结了，……就是一种巨大的莫名的恐慌。在这个漫长的过程中，我的理性一败涂地，这让我沮丧，而这沮丧又加重了我的纠结。”

“从纯理性的角度来看，你的正反两方面理由都很充分，并没有好坏和高下之分。你想得很清楚，可是你却做不了决定，而做决定这事没有任何人能代劳。”

“我知道，心理治疗师的原则之一就是不给咨询者做决定嘛。”

“你说对了。不过，我关注另一件事。你在描述你对生育的看法时，多次提到了你的情绪，你说你很低落，做什么事都觉得没有意义，不知道你自己留意到没？”

“我知道。我判断我是中度抑郁。前段时间我更严重一些，根本不想见人，不想和任何人说话。最近半年多我恢复了工作，又进行自我调节，整体好多了。只是有时候走在天空下，我会莫名其妙地掉眼泪。”

（二）

“那么，我们先把生孩子的事放到一边如何？因为这个问题从理性上，你暂时无法得到答案。我的理解是，生育问题的无解，破坏了你严格的控制感，你感到了失控带来的恐慌。不过我想问你，失控的只有这一件事吗？”X说。

“呃，还有我正打算要和你说的，就是这几年来，我一直被噩梦‘追杀’。有个比喻说得好，噩梦像一只黑狗，紧咬住我不放。”

“能具体说说你的梦吗？”

“我知道你会问我这个问题。我知道，弗洛伊德说，梦是通往潜意识的康庄大道。我已经想了许多办法来了解我的梦。我看了几乎所有能买到的分析梦的书，我隐隐约约地知道有一些梦所代表的含义。但是，大部分梦，特别是那些最困扰我的梦，我却拿它们没有办法。它们总是一次又一次地出现在我的睡梦中，露出死神一般可怕的面孔。你知道有个叫佩索阿的作家吗？他说，我从来没有睡着：我活着和梦着。……我的意识从不中断：甚至在我没有怎么睡或者没有睡好的时候，我还能感觉到周围的一切。我只要正式入睡就马上开始做梦。我是一串若断若续的图像持续不断地展开，总是伪装成外在的什么东西。在我醒来的时候介乎人与光明之间，在我入睡的时候则介乎鬼与黑暗之间……我就是这样，在不断地做梦，做很多很多的梦，我觉得我的潜意识就像融化了的冰山，在不停地溢出来。而这些都是可怕的潜意识，像从地狱里逃出来的幽灵，缠绕着我。”

“嗯。你说得很鲜活。关于梦，你还有要补充的吗？”

“最令我奇怪的是，噩梦以一种极为突兀的方式，强行插入到我的生活中。从小到大，我几乎从来不怕黑夜，从我记事起，我就可以一个人单独睡觉，我比我认识的绝大多数人都要大胆。活了二十多年，我还从没有过在黑夜里不敢睡觉的经历。然而突然有一天，我从噩梦中惊醒，醒来后浑身发抖，出自恐惧的战栗……从那之后，我就很少有超过一个礼拜不做噩梦的。有一段时间，我完全不敢睡觉，只要一闭上眼睛，在迷糊入睡的时候，仿佛就进入那个可怕的通道，四面八方涌来幽魂，从无底的黑洞爬上来的幽魂……我被拖入另一个世界，一个意识支离破碎又狂乱的世界，一个我一旦进入就出不来的世界，那太吓人了。我需要确切的现实世界的信息来抵抗那黑洞，我的一个方法是打开电视的新闻频道，看那些非常接地气的人和画面，听他们絮叨各种现实的细枝末节，我会觉得，我慢慢落地了，我没有被吸走……”

我的声音有些轻微地颤抖，我想X也察觉到了。

X很认真地听着，对我说：“你提到了一些很关键的信息。我们说，一个人梦境的突然变化不是无缘无故的，它一定有着丰富的意义。梦常常在提醒我们自己意识不到的重要东西。梦的语言很抽象，藏得很深，但它们是宝贵的资源。”

“我试过很多次了，我找不到答案。”我无力地说。

“能给我说说你的梦吗？一个具体的梦。”

（三）

“我做过很多梦，可是，让我回忆起它们的细节，却好像凌晨坐在大雾弥漫的大海之上，什么也抓不住。梦是那么跳跃又毫无道理，我很难用语言去描述和组织那些梦境。”我说。

“嗯，梦就是这样。”

“我尽力搜索吧，有一些梦的片段，我还能记起来。”

“好的，我听着，你想起来就说，慢慢说。”

“有一次在梦里，我醒了，我睁开眼，坐了起来，就坐在床沿。我看见在我的床对面，有另一张床，与我的床平行，然后，我看见，那张床上有一具尸体——不要问我为什么知道那是尸体，我就是知道。那具尸体，我好像认识。我的心脏狂跳，身体僵硬，我知道我无处可逃。我不敢动，恐惧得快要炸裂。我很快意识到这是梦，我拼命想要醒过来，却怎么也挣脱不了那梦魇，一种神秘的、超出我认知范围的力量把我重重地压住，我更加害怕，我呼吸困难……这个时候，在半睡半醒之间，我已经能看见现实中我的卧室了，我看见我的手臂，我用力地挥动它，可是它一动不动，我再用力地摇晃我的头，仍然没有用，我大声地喊……每一秒钟都是剧烈的煎熬和惊恐，不知过了多久，我感觉我的魂魄终于回到我的身体里，我醒了，我经历的是我无法想象的恐怖。我不知道怎么描述……”

“在梦里你非常害怕？”

“是的，非常害怕。除了害怕，没有别的情绪。很紧张。整个梦境呈现出一种诡异的氛围，像另一个世界。一个我从未到过却又并不陌生的世界。我的许多梦，都是这样。我常常在梦里知道这是梦，可是没有用。哪怕我知道梦是假的，那感觉却是强烈而真实的，比一切现实都要真实。所以，梦的结束，只是恐惧的开始。”

“梦的结束，是恐惧的开始——为什么这么说？”

“一个噩梦就像被打翻的墨汁，它可以渗透到现实世界来，或者，梦境和现实的边界本来就是模糊的。大概在三四年前，第一次从梦中惊醒后，我对夜晚就有了一种毫无理性的惧怕。我记得最严重的一个月，每次天黑了，我就会产生一种惶恐不安的心情，黑夜对我来说像是暗藏着一种可怕的威胁。我害怕上床，因为我知道我一睡下去就会做梦。我躺在床上，像是等待刽子手来临一样等待着睡意的来临。”

“现在你还会这样吗？”

“不会了，我能够入睡，但是没有办法一个人睡，我需要我的房间里有其他人，比如我的丈夫。如果是一个人，我一定要点亮所有的灯。从噩梦中醒来后，也一定要开灯直到天亮。”

“现在还会多久做一次噩梦呢？”

“平均一个礼拜一次。”

（四）

“回到刚才你说的——梦的结束，是恐惧的开始，具体还指什么？”X问。

“这有两方面，一是我醒来之后，我为这超出我认知和理解范畴的体验感到恐惧，随之而来的是一种抑郁和悲凉的情绪，好像生无可恋；另一方面，我觉得梦里的那种神秘的东西，无处不在，我的现实世界也开始发生变化了，好像有什么东西跟着我，它可以扭曲我看到的一切，有时候我只是打个盹，我就能模模糊糊地看到一些惊恐的东西：各种各样的鬼……等我睁开眼睛，发现它们不过是我房间里的窗帘、台灯、风扇，甚至只是光线的阴影，可是它们都能随时变幻成我害怕的一切。我觉得危险到处都是，我觉得我被什么灵异的东西附身了，我逃不了，也没人能救我。”

“你能看见鬼的样子吗？”

“怎么可能！它在我的梦魇里一瞥我就浑身发抖了，我怎么可能看见它的面目？我在一本书里看到一个心理治疗师给的建议，他说，如果你在梦里害怕什么，不要逃避，鼓起勇气等它靠近，直到看见它的模样，那就是答案。”

“嗯，你试了吗？”

“我试了，”我不自觉地看了一下周围，“我能说一下我此刻的感受吗？”

“当然可以啊，我想知道。”

“当我开始回忆梦里的场景时，特别是要我说起那个鬼时，我现在就已经感觉空气开始变凉了，我现在越来越害怕了。如果我现在是一个人，我会赶紧走到人群里去。还好现在对面有你，我虽然害怕，但知道我处于安全的现实中。我还能和你交谈。”

“你现在还好吗？”

“还好。但我必须告诉你，当我想起我如何在梦里尝试直面那个我害怕的东西时，我都会有些紧张。那些尝试，都失败了。有几次在梦里，那样东西披着黑色的外壳扑面而来，我逼着自己睁大眼睛看清它，可是我的身体剧烈地颤抖起来，好像在经历地震，恐惧掐住我的脖子，在撕碎我——那不是我能承受的，那太可怕了，我必须挣脱出来，从没顶的泥沼里把自己扯出来。我不敢再尝试了。我认输了。我知道很多人都会做噩梦，可是，我是真的能感应到那个鬼的存在——当我说起这句话的时候，我自己都怀疑：我还是我吗？我没有疯吧？这世界上真的有鬼吗？如果没有，那种力量是什么呢？”

“所以，你每次做梦，都是中途惊醒，没有继续下去？”

“是的，我知道那是梦，我必须结束它。”

“有一种办法可以让你的梦继续下去，你愿意尝试吗？”

“我不确定，我想我不敢。你不知道那种感觉，比死亡还要可怕。”

“如果要解决你现在的问题，我们不能回避你的梦。我建议你试一下催眠，这是深入潜意识最好的办法。和你几次聊天，我知道你的理智很坚固，做事追求完满的逻辑，可也许你忽视了某些重要的东西。你的梦正在敲破你的理智，我们要面对它，探索它，看看它到底在传递什么信息。”

“催眠？我倒是很感兴趣。可是，你不怕吗？你不怕人的潜意识是深渊，放出可怕的东西吗？尼采说了，与恶龙缠斗过久，自身亦成为恶龙；凝视深渊过久，深渊将回以凝视。”

“逃避才会让恐惧加倍。因为你都不知道你怕的究竟是什么。人的想象力是无穷的，会把真实的恐惧放大一千倍一万倍。”

我沉默不语。

“你放心，”X说，“催眠是在一个让你安全的范畴里进行，不会突破你的承受极限。我有丰富的催眠经验，如果你感觉不适，我随时可以停下来。”

“催眠时，我会有意识吧？”

“大部分催眠是有意识的，这也是它的目的：让人看清自己。催眠状态，其实是一种高度的清醒，一直极致的专注——专注于潜意识。这和我们日常生活的状态不一样，在日常生活中，我们醒着，但我们的思维是混乱零散的，我们的潜意识是被遗弃的。催眠，是一种更专注的醒着。”

“一种更专注的醒着，我喜欢这个说法。我愿意试一试。”

“好的。那我们约下一次。今天的时间到了。”

催眠：这样一具僵尸，有谁爱她呢？

2013年6月

X，我的心理咨询师

我躺在咨询室里那张宝蓝色的沙发上。沙发柔软极了，我轻轻地陷了进去，X给我盖上了一条薄薄的毯子。

（一）

“刚才我们经过了一个小小的催眠敏感度测试，确定你比较适合做催眠。”X说，“那么，我们就开始了。你现在躺着舒服吗？”

“很舒服。”我回答。

“很好。把你的身体调整到最舒服的姿势。请将眼睛闭起来。眼睛一闭起来，你就开始放松了。”X的音调稳定、低沉。

我躺着，按照她的指令。

“从现在开始，你的内心变得很平静，你只会听到我的声音。注意你的呼吸，你很深很深地深呼吸，慢慢把空气吸进来，再慢慢把空气吐出去。深呼吸的时候，想象空气从鼻子进入你的身体，流过鼻腔、喉咙，然后进入你的肺部，再渗透到你的血液里，这些美妙的氧气经由血液循环，输送到你全身每一个部位、每一个细胞。

“每一次的深呼吸，都会让你进入更深沉、更放松、更舒服的状况。从现在起，继续深呼吸，你一边深呼吸，一边听我的引导，很自然的，你什么都不用想，只要跟着我的指引，很快你就会进入非常深、非常舒服的催眠状态。

“现在，注意你的头顶，让你的头皮放松……头盖骨也放松……注意你的眉毛，让眉毛附近的肌肉放松……放松耳朵附近的肌肉……放松脸颊附近的肌肉……放松下巴的肌肉……放松你的脖子……放松肩膀……放松你的右手……放松你的左手……你的胸部……你的背部……彻底放松你腹部的肌肉，毫不费力地，然后你的呼吸会深沉、更轻松……放松你的左腿……放松你的右腿……

“继续保持深呼吸……每一次呼吸的时候，你会感觉出自己更放松、更舒服……

“现在，你的身体和心情感觉怎么样？”X问。

我听见了她的声音，但因为太舒服，我没有张口。

“你现在可以说话，可以回答我。”X说。

“很舒服，很放松。”我慢慢地说。

“很好。现在，想象你就站在楼梯准备向下走，这个楼梯共有十阶，我会引导你一阶一阶往下走，每往下一阶，你就会进入更深的催眠状态。当你走到楼梯底下的地下室时，你就会进入平常察觉不到的潜意识。现在向下走到第一阶楼梯……继续走到第二阶……第三阶……第十阶……楼梯的尽头是一扇门，慢慢推开……慢慢地……推开门……你就会回到你的梦境中……”

她话音一落，我立刻置身于我熟悉的噩梦中。我忍不住说：“我很害怕，那样东西在朝我逼近！我要离开！我透不过气来了。”

我的呼吸开始急促。

（二）

“不用担心，你现在很安全。”X的声音。

“不行，我做不到，我很怕……”我几乎带着哭腔。

“相信我，你很安全，没有什么会伤害你。”X温柔地说。

我稍微冷静了一点点。

“现在，你仔细看一下周围。你能看到什么？”

“那个东西没有具体的形状，但是我能感觉到它，是黑色的，很狰狞，从不同的方向涌过来……它没有形状，没有脸，我不知道它是什么！”

“你的潜意识很聪明，潜意识会指引你看见它的真面目。”

“很难……我不知道……”我在挣扎，“现在，它露出脸了……”

“很好，那是什么？”

“可怕的……我见过的最可怕的一张脸，不是人的脸，扭曲、凶狠，恐怖地笑，我能听见它的笑声很尖锐，我的神经很痛……更可怕的，它的脸一直在变化……”

“在变成什么样？”

“层出不穷的、各种各样的鬼，钻到我的身体里来，一个接着一个，没有止境……”

我忽然停住了。

“怎么了？你看见什么了？”X问。

“我，终于，看见她了。”我用颤抖的声音说，“那些鬼是半透明的，在一层又一层的鬼后面，我看见了一个毫无表情的人，她在慢慢地朝我走过来。”

“好的，她是谁？”

“我看不清……不要逼我……”我的震惊与恐惧到了极点，紧接着，宇宙洪荒开天辟地以来所有的悲伤在那一瞬间劈中了我，我眩晕到不能自已，猛烈地痛哭起来。我一边哭，一边说，“我看见了。那张脸，是我自己的脸。一张苍白的冷漠的像死人一样的脸。”

我的哭声越来越大，最后变成了号啕。在我有生之年，我从未那么哭过。

大约十分钟之后，我哭得没了力气，声音开始虚弱下来。

“你现在是什么感觉？”X问。

我回答她：“很奇怪的，恐惧消失了，是一种很悲伤很悲伤的感觉。”

“现在，你身边还有可怕的东西吗？”

“没有了。只有我孤零零的一个。什么都没有了。”

“接下来，潜意识还会带你去探索你未曾了解过的地方，你还愿意继续吗？”

“我愿意。我现在很孤独。”

“好的，那你现在往前走，你看见什么就说出来。”

（三）

“我看见了一栋房子。”我说。

“是什么材质的房子？”

“木头的。”

“你想进去吗？”

“我不确定。我不太敢进去。”

“你不用勉强自己做任何你不想做的事。让你的潜意识带着你走。你来主导接下来的行程。”

“我想在房子外面坐一会儿。”

“好的，可以。”

“我在房子前面休息了一下，感觉好多了，我推门进去。房间里没有一个人。空荡荡的。没有任何家具。但是我却看见一面镜子立在那里。我走到镜子前，看见镜子里有一具骷髅，我知道那是我自己。看着我的样子，我还是想哭。”

“你可以做任何你想做的事。”

我又哭了一会儿。

“刚才你哭的时候，在想些什么？”X问。

“这样一具僵尸，有谁爱她呢？她除了孤独，再也没有其他了。我为她感到伤心。”

“接下来你想做什么？”

“我要离开这个房子。我走了出来。眼前是一片森林，我孤零零地走进了森林。可是我越走越悲伤，因为我身上带着死亡的气息，所有的生灵都躲着我，没有任何人敢靠近我。我是一个孤独的鬼。我就这样一直走一直走，很难过，我不会死，因为我已经是僵尸了，等着我的是永生的、永远不会结束的孤独。”

“你继续往前走，会看见什么？”

“前面好像有一片湖。我走过去了，是的，一片碧蓝的湖，很美。我能感觉到湖上的风吹过来。周围依旧没有一个人。”我的声音越来越平静，我说，“我跳进湖里，在水里游着，水很温柔，我很自由，我看到了天空，有粉色和金色的流云，我开心起来，在湖里游了好远……”

不知过了多久。

“你还在湖里吗？”X问我。

“是的，还在。虽然这里很舒服，可我不能一直待在这里，我现在上岸了。”我说，“我又回到了森林。我望向四周，没有一条路。我只有自己往前走。我正在穿越森林。”

“你知道你要去向哪里吗？”

“我不知道森林的边界在哪里，我不知道森林之外是什么地方，我不知道我要去的地方是哪里，我只是这样走着……”

“好，现在，我们即将结束这次催眠。现在，你感觉自己开始向上飘浮，飘浮在很高很高的天空，浑身都很放松……现在，深呼吸，在你的眼前，出现一个巨大的水晶球，它放出柔和的、源源不断的能量。保持深呼吸，你尽情地吸收来自水晶球的能量，你的心灵会越来越平静安详，你觉得自己越来越有信心面对所有的事情，你会觉得浑身充满了活力，你有能力做好任何你想做的事……当我从10倒数到1的时候，你将会睁开眼睛，回到现实世界，你会完全清醒。”

（四）

“催眠结束了，你感觉怎么样？”我们回到面对面的茶几前，X问我。

“有太多感受，我需要好好梳理一下。”我说。

“没关系，你想到哪里就说到哪里。”

“首先，我很震撼。我没想到我会哭得像个傻瓜，我已经记不清什么时候这样哭过了。”

“你不用感到不好意思，作为催眠师，我对这样的状况太不陌生了，很多人进入催眠后都会大哭一场。”

“是吗？那也就是说，许多人内心深处都有很多委屈咯？其实，哭，真的很不符合我的世界观，因为，我从小就知道，哭解决不了任何问题，还不如不哭。这样大哭一场，让我意外，那好像是另外一个陌生人。”

“可是，那是真实的你，不是吗？”

我想了一想，点头说：“是的。我承认那是真实的我，一个被我遗忘的我。另外，让我震撼的，是那些噩梦的真相。原来最让我恐惧的，是我自己，这让我意外，可是，仔细想想，也并没有那么意外，我好像是隐隐知道这一点的。就像你说的，潜意识很聪明。否则，我也不可能在催眠中看到这一点了。”

“嗯。你自己怎么解读这个信息呢？关于噩梦的真相，你会想到什么呢？”

“我最害怕的鬼是我自己。我自己就是鬼——这有点儿复杂，不是一下子能说清楚。但我想到一点：我有时候会有强烈的厌世感，会质疑活着的意义，我甚至想过自杀，也就是说，我知道我有死亡倾向。虽然我会逃避这个倾向，但我知道它的存在。可是，一个有死亡倾向的我，只是意识层面的‘我’的一部分，在更大的潜意识层面里，我是非常怕死的。我很怕那个有死亡倾向的我，会真的付诸行动杀死我自己，所以我的潜意识调动了极大的恐惧，我怕的其实恰恰是死亡。”

“你很有悟性。你解读得很好。”

“还让我想不到的一点是：恐惧的核心竟然是悲伤。我现在相信，潜意识的智慧比意识的要大得多。我之前所做的许多抵抗和努力，都是围绕着恐惧挣扎。原来，恐惧只是洋葱的层层外壳，不是实相。但是当一个人被恐惧俘虏时，他根本没有余地去了解恐惧背后的东西。我害怕的是我自己，而且害怕到无以复加的地步，这证实了最可怕的不是外物，而是心魔。当我体会到这恐惧背后剧烈的悲伤之后，我曾经无论如何也克服不了的恐惧，竟然消融了。”

“你有了一个新发现，你发现你的恐惧包裹的核心是悲伤，这对你意义重大。”

“是的，那种悲伤难以承受，好像抵触到了内心最荒凉的地方，类似于绝望。可是最深的绝望之后，是平静，没有任何情绪的平静。”

（五）

“你认为你的绝望，来自什么？”

“孤独，彻底的孤独，与这个世界没有任何联结的孤独。催眠中的意象是我灵魂深处最真实感受的形象化。悲伤、孤独与绝望，就是我活着的最深感受，尽管在日常生活中它不是很明显，但它就是那个永不消失的幽灵。而且，这份孤独，没有任何解决的可能，它和一般的‘孤单’‘不被理解’还不太一样。我不知道该怎么形容它。”

“你认为别人也不可能理解这份孤独？”

“是的，它是超越生活层面的。这么说吧，它和‘生活’完全在不同的维度，它像一个四维之外的东西。比如说，我在生活中，有工作，有朋友，有婚姻，有家人，在许多时候我能和他们很友好地交谈，我和他们有许多交集，可是，这所有的一切，都不能缓解我的孤独。我有时甚至会想，这个世界所有的一切、所有的人，是不是我幻想出来的呢？是不是在这个宇宙，原本就只有孤零零的‘我’一个呢？我常常抽离地看待别人，我走进不了别人的世界，别人也走进不了我的世界。”

“即使和我聊天，你也会有这种孤独的感觉吗？”

“是的。我现在看着你，但我并不了解你。你通过催眠，了解了部分的我，但也只是你理解的片面的我，不是全部的我。”

“你很坦率。你说话总是这样给人以距离感吗？”

“我只是说真话。”

“你刚刚描述，在镜子里看到自己是一具骷髅之后，你哭的时候，想的是，这样一具僵尸，有谁爱她呢？听起来，你不相信有人会真正爱你。”

“嗯……是的。没人能了解我，因为连我自己也不了解自己。”

“你觉得爱的前提必须是了解吗？”

“是啊，否则那是幻觉和自欺欺人吧。”

“这中间有一点儿矛盾。我感觉你在不知不觉中把被动的孤独转化成了主动的孤独，并用你自己的解释加固了这种转化。”

“什么意思？”

“你并不想要孤独，这种孤独让你绝望，让你悲伤。而且，你的潜意识认为是你身上的可怕气息——你说的死亡气息——吓跑了别人，让任何东西不敢靠近你。你把自己定义成可怕的，这是一种很深很深的自我否认，这是你绝望和悲伤的根源，为什么你要这样否认你自己？”

“我不知道。或许，我本来就是可怕的。这世界总有可怕的东西存在吧，我就是那样的东西。我的念头，有时候并不属于我，我也无法控制它们。不过，对于孤独，我要补充一点，孤独也不是完全的悲伤，我在孤独中也感受到了自在和自由，就像我在湖水里的自由一样。”

“很好的补充。”

“要么庸俗，要么孤独——虽然这句话本身很庸俗，但我想你也知道，这也是事实。如果从众的话，一味融化在热闹里的话，确实没有那么痛苦的孤独，可那不是我能忍受的，甚至不是我能选择的，我本性如此，无法选择。而且，人的本质就是孤独。因为每个人都活在自己的感官和经验里，我们看到和体验到的世界只有我们自己知道，这在本质上是无法互通的。人与人的交流和理解是极其有限的，甚至可能是虚幻的。最后，无论我们拥有多少，都要走向死亡，直面孤独——这就是生命的本质。”

X认真地听我说，脸上带着若有若无的微笑。

“今天的咨询时间快到了。关于孤独和死亡，我们下次再聊聊。回去以后，如果你有做过的梦，可以留意记下来，我们下次见面时可以从梦开始。”

解梦：孤独的假面

2013年8月

X，我的心理咨询师

（一）

“距离我们上一次见面已经有一个多月了，最近怎么样？”X问我。

“上一次催眠给我的震撼很大，我需要一点儿时间好好消化一下，所以我故意推迟了来见你的时间。”我说，“不过神奇的一点是，这一个多月来，虽然也做了几次噩梦，但恐惧并没有那么大了，好像在我内心深处，我知道这种恐惧是在可控范围之内的，而不是无限无边界的。我仔细想了想，是不是你在催眠时给我的暗示起了作用？你对我说了好几次：你很安全，没有什么能伤害你。”

X笑而不语，算是默认。

“天哪，”我摇头，“这么简单的暗示这么容易就起作用了？这让我怀疑人类意识的可靠性——它太容易受外界的信息影响了。活了这么多年，我受到了多少暗示啊。我一直以我思考的独立性为傲，天知道，我脑袋里的观念究竟有多少是独立的？看来都是被他人影响的产物！这令人气馁。”

“你为什么要那么强调独立呢？你不能否认，这个世界的一切物质与能量都是流通的、相互影响的，没有完全孤立的。”

“独立是自我之本。”我说。

“上次我们说，这次的谈话可以从最近做的梦开始，怎么样？”X转了话题。

“我好好做了功课哦。”我拿出一个小小的笔记本，“我把几个梦记下来了。”

“很好。”

（二）

“第一个梦。我梦见在外婆的老房子里。这座房子有两层，我在二楼，房子着火了，我匆忙从楼梯往下跑，走到楼梯口，一扇门被堵住了，我很着急，以为逃不出去了，赶紧用力推门，没想到只用了不大的力就推开了，我跑了出来，到了安全的地方，回头望那房子，‘嘭’的一声爆炸了。我松了一口气，是一种很庆幸的感觉。”

“嗯，你怎么解读这个梦呢？”

“我还没想到。我中学时有五年住在这个屋子里，外婆对我也很好，我不知道我为什么想让这房子爆炸、烧掉？”

“好的。我来试着分析一下这个梦。我记得你说过，你是因为不想和父母一起住才寄居到外婆家的，你也提到过，中学读书时最大的梦想就是能考上好的大学，离开你的家乡，有新的生活。那么，外婆的屋子，是不是代表着一段并不愉快甚至是委屈、愤懑的经历呢？而且这段经历还一直在影响、阻碍着你现在的生活。最近你在处理自己的心理危机，开始重新审视过去与现在的关联，你有些不自信，害怕无法从过去的历史负担中走出来，这就是你在梦中‘着急’和‘用力推门’的原因，幸运的是，你发现这并没有想象中的那么难，你‘只用了不大的力就推开’了，而且很快跑了出来。最后房子烧掉了，象征着你已经做好准备和旧的经历告别，这是一个寓意很好的梦。”

我仔细听完X的解读，沉吟了几秒钟，说：“你这么一说，确实是打通了我的疑惑，这应该是对这个梦最贴切的解释了。”

（三）

“第二个梦，有点长，也很混乱。”我翻着日记本说，“我梦见……我妈给了我一个笼子，笼子里是一些小小的甲虫，忽然笼子打开了，有几只小甲虫爬到了我身上，它们在吸血，有点痛。这时我丈夫出现了，他教我，用力拍打皮肤，虫子就会自动掉下来。我照做了，其中一只虫子掉了下来，可是，另一只虫子在右手臂上，一边吸血一边却加速变异，才几秒钟的时间就变成了一条很大的蜈蚣，它在我的手臂里旋转，我的手臂传来剧烈的绞痛——即使那是在梦里，我也是真的感受到了切肤之痛。我很惊恐：一切都来不及了，我的手臂就快要被吞噬了。我老公立刻一口咬下了那条蜈蚣的头，蜈蚣死了，我得救了。我对他说，你赶紧用消毒液漱口，不要中毒了。……接着，不知为何，有人来追杀我们，我们只要坐上扫帚就能飞起来，我和老公飞到一个房间里，我们各自藏在一扇门的后面。但是在这个房间里我们必须遵守一个规则：我们不能同时露面，他露面的时候，我就要闭上眼睛；我露面的时候，他就要闭上眼睛，这样我们才安全。”

“这个梦的信息听起来很丰富。我想让你自己来自由联想一下，你能想到什么？”

“这个梦也许揭示了我和我妈、我老公的关系。我和我妈妈的感情有点儿复杂，小时候我很依恋她，她和我爸离婚以后，有很长一段时间我想成为她的保护者，我觉得我们相依为命。可是读大学以后，我却越来越发现，她像个小孩，情绪化，做事不顾后果，我也渐渐想起在我成长过程中她对我的伤害，其中最大的伤害是，我的继父虐待我，可她并没有给予我所渴望的支持，这也是我搬到外婆家去住的原因。渐渐地，我开始意识到，我并不爱我的母亲，我甚至对她有敌意。我很少给她打电话，她也很少联系我，她沉浸在她那一段又一段的爱情中。从理性上说，我认为她的一切选择都是自由的，不应受到他人包括我的干涉，但我也不太想和她的生活有什么瓜葛，我们各自对自己的生活负责就好。”

X望着我。我继续说：“冷漠这种感受也是可以繁殖的。在十年前，我第一次有了‘我妈并不爱我，我也并不爱我妈’的念头，这个念头最开始很细微，我也吓了一跳，可是一旦它出现，它就悄悄地盘踞开了。我再也无法对我妈亲密起来。我甚至不想和她待在一起。她对此浑然不觉，以为我还是那个没心没肺的丫头。有时候我觉得，她总能提醒起我年少时期最屈辱、最无助的日子，而我恨透了这种感觉。”

X说：“你对你的母亲有恨意，你察觉到了吗？”

我说：“我察觉到了。这是我的秘密。现在只有你一个人知道。”

“对父母有恨意是很常见的，你不必因此有心理负担。”

“我知道。我们不能对一个普通人苛求太多。普通人的生活总是千疮百孔的。父母就是普通人。我们也没有办法选择父母。”

“嗯，你说得对，人没有办法选择父母。”X重复了我的话。

“在这个梦里，我妈带来的虫子变异了，并吞噬着我的手臂，给我带来剧痛，应该是我认为小时候的一些经历造成了我如今无法摆脱的痛苦。在我学习了心理学之后，追溯我的过去，我并没有忘记那些伤心的回忆，而且，它们像魔咒一样鲜活。那时的无助与难过，能穿越时空，突然降临到我身上。我想，正是过去那些我无法选择的，造就了如今这个我。”

（四）

“那么这个梦里和你老公的情节，你会想到什么呢？”

“我和我老公……是很不同的人。我很复杂，而他很简单，我笑他是‘小白’。他就像植物一样，理所应当地接受一切，从不问为什么，稳稳地扎根在现实中，有时我会觉得他缺乏思想深度。我们这两个完全不同的人，为什么会恋爱，然后结婚，也是个难解的人性谜题吧。不管怎样，不管我们之间有多少矛盾，我还是知道一点：他给了我安稳的现实感。当我的灵魂被噩梦的飓风吹得七零八落时，我醒来后，他总是随叫随到，给我拥抱和温暖，拉我回来。当我的情绪在周期性的亢奋与低落之间反复波动时，他依然平静如故、照常生活。他是一个很有安全感的人，他表达感情流畅自然。在某种意义上，我想他修复了我对亲密关系的紧张和笨拙，不让我在虚无的深渊里坠落得那么快。虽然我们也常常吵架，但我心里是感谢他的，我也怕我的悲观和厌世会传染他。所以在梦里，他救了我，而我担心他中毒。”

“那在梦的最后，你们的规则是不能同时露面，又是什么意思呢？”

我沉默了几秒钟，然后说：“这大概也是我们婚姻中的隐患：我感觉我们必须要隐藏我们最本质的一部分，才能让婚姻安全地持续下去，因为我们本质是如此不同。虽然他能接纳我的情绪异常，但他无法理解我的内心世界，我也并不太认可他的很多想法。我们试图改变对方，但也知道这是徒劳。”

（五）

“还有第三个梦吗？”

“噢，有。第三个梦最简单，但也最恐惧。这个梦发生在我出差的酒店里。我在半睡半醒之间，模模糊糊看见墙上的画上有一个婴儿，被白色的被子裹着。无端地，我觉得这个婴儿很诡异、很恐惧，冷冰冰地看着我。我又被吓醒了。醒来后仔细一看，墙上那幅画只是一朵白色的花而已。我真的是杯弓蛇影了。”

“一个可怕的婴儿？”

“是的，这是不是和我的生育焦虑有关呢？我那么害怕生孩子。”

“我倒倾向于认为，那个婴儿很可能是你。她充满了恐惧，她冷冰冰的，没有温暖，她很可能是婴儿时期的你，遇到了让你特别害怕的事情，但你已经忘记了。她也可能是你内在的小孩，是你人格中脆弱、惊恐无助的那部分。我们知道，一个人小时候的创伤如果得不到适当的处理与治愈，就会凝结在那个‘内在的小孩’身上，无论这个人本身看起来多么成熟、多么高大威猛。”

“如果你认为，我的疏离、悲观和孤独，是因为我的经历造成的，我无法认同。我感觉，即使我生活在锦衣玉食、众人呵护的幸福环境中，也仍然会感到悲伤和孤独。悲伤和孤独，才是生命的底色，其他都是点缀，再俏丽的点缀也掩盖不了这底色。”

（六）

“好，那我们来谈谈孤独吧。”X说。

“嗯。你怎么看待孤独呢？”我直视X。

“我得过抑郁症，我尝试过自杀，我体会过那种彻底的孤独。这也是我为什么成了一个心理治疗师的原因。”X的坦诚让我睁大了眼睛。

X很自然地继续说下去："生命中的有些境遇，的确只能一个人去面对。孤独意味着，我们在诚实承认内心的困境。但是孤独也意味着你在从内心汲取力量。你说，人的本质是孤独，我无法评判这句话是对是错，但我个人的结论是：人是孤独的，又不是孤独的。我们的生命与外界有许多联结，组成我们这个'存在'的，有大自然的物质，有我们祖先的基因，有许多围绕着我们的因缘际会。即使我们最平常的一呼一吸，也在和外界交换空气。"

"这些道理，我都知道，可这和我内心的孤独感受，有什么关系呢？"我说。

"我们会误解孤独。"X说，"我们会把受伤后的自我封闭当作普遍意义上的孤独。在这种孤独下，掩盖了许多未曾梳理的症结。"

"所以你认为我的孤独感，还是和我的经历有关。"

"人的孤独感有许多种，有时候我们并不能很好地辨别这其中的区别。在我六岁的时候，我父亲去世了，当时我只觉得很悲伤，但哭不出来。长大以后，我每一次失恋都会爆发严重的抑郁症。直到我做了一次催眠之后，我回到六岁的自己，在爸爸面前痛哭了一场，我才感到身体里，幼年时期被强烈的悲伤冻结住的某个僵硬紧绷的地方，消融了，柔软了。在这之前，我不知道这个症结对我有那么大的控制力。"

我听着，体会寻找着我身体里有什么症结。X又说：“在你的潜意识里，你自己是鬼，是僵尸，鬼和僵尸的特点是：没有人气，没有温暖。你与他人没有情感上的联结。你既渴望被爱，又不信任他人，更不信任自己，你活在一种‘众人皆醉唯我独醒’的孤傲里——利用你智力上的优势，你达到了这个目的。可是智力不能解决情感联结的问题，甚至，你越理智，越可能让自己孤立起来。”

（七）

我愣了一下，有点儿被刺痛了。

“我不能决定你对人的本质的判断，”X说，“但是我想让你看到一些你可能会忽视的东西。在你的成长过程中，你父母之间的仇恨让你无所适从，他们也在无意识中传递了‘不爱你’的信号，在你受到虐待时，你妈妈没有保护你，让你一个人孤零零地面对——对一个孩子来说，这些都是严重的伤害，这些都不是你的错。人在受到这种伤害时，会有一种应激反应，就是把与他人——特别是自己在乎的人——的情感联结通道关闭起来，使用无师自通的自我催眠：‘我不在乎’‘这没什么大不了的’……这是一种很好的自我保护，可以避免暂时的剧痛，但也会带来长久的后遗症：与外界的联结系统冻结了，进入一个自我封闭的状态。这种自我封闭，就类似于绝望的孤独，没有希望，没有生命力。人和任何生命一样，无法独活在封闭的空间里。如果不能打通与外界联结的通道，就会走向自我疯狂或者自我枯萎。”

我想起我像一个孤魂野鬼在无边无际的森林里游荡的景象，打了一个寒战。“或许你说得对，我正在死亡，我没有热情，我感受不到活着的乐趣，我感受不到外界和我有什么关系，我觉得我和所有人之间都隔着一层厚厚的屏障，我生无可恋。”

“你不是生无可恋，你是恋而不能。打破那层屏障，你会感到你和外界之间的流动，你会体会到你的温暖，一如外界有寒冷也有温暖。”

“我并不想成为那种和所有人都很热络的人。那种人没有灵魂，他们是熙熙攘攘的跟屁虫。”

“聪明又伤心的人，总是像你这么偏激吗？你误解了联结的属性。联结不是外向，不是开朗，不是热情似火。联结是一种沉静自爱与爱人的状态，是一种尊重事实的自信：我们与万物有联系，爱与温柔在万物之间。”

“这么说，你体会到了这些？你从抑郁自杀到对万物有爱？”

“我选择做一个心理治疗师。我个人的经历告诉我，人是可以从绝望的境地里走出来的。我的工作是做一个陪伴者。我知道自己的力量与能力有限，但我相信，我们的所作所为，就像抛向池塘里的小石头，会产生涟漪效应，延伸到肉眼看不到却仍然存在的地方。”

“从某种程度上，你确实对我产生涟漪效应了。”我说。

“你也曾对他人产生涟漪效应，在你不自觉的时候，我们每个人都在种下因果。”X望着我。

活着这么没意义，我却害怕死亡

2013年9月

X，我的心理咨询师

（一）

“我来到你这儿，最开始是因为生育焦虑，可我们这段时间好像绕了一个大圈子。”

“让子弹飞一会儿？”X开玩笑。

“其实我早知道，生育焦虑不是一个单独的问题，它是我许多焦虑的替身。我有时候会想，生不生孩子这个问题，逼着我直面我矛盾的世界观，让我看似圆满自洽的人生哲学露出了破绽——我活得并没有那么清楚。有人说，自杀是唯一的哲学问题，可对我来说，生育是唯一重要的哲学问题。”

“你对生孩子的排斥和顾虑，提到了好些原因，我有一些问题想再向你确认一下。”X翻着她的咨询笔记。

“好的，你说。”她的认真让我感到安心。

“你说过，你对生孩子最大的恐惧是，有一天，那个孩子会问你：为什么要把我生下来？”

“是啊，我不知道怎么回答。那太可怕了。”

“这个问题，究竟是来自你未来的孩子，还是来自你自己？”

我用手抚摸着茶杯，沉默了。X也不说话，在等着我开口。

“我明白你的意思，”我说，“好吧，我承认这是我自己的问题。我确实隐隐地想过‘为什么要把我生下来’这个问题，只是我的意识并不太愿意承认。看来，这个问题的分量比我意识到的要大。是啊，为什么要把我生下来呢？在我觉得生命是没有尽头的痛苦和空虚之时，我会想，为什么莫名其妙地就来到了这里？”

“所以，你现在还是没有答案。”

“没有。我有偶尔的快乐和成就，但那些都不足以让我回答这个问题。”

“你认为，生命就整体而言，是在受苦。”

“可以这么说。”

“你有见过活得很有滋有味的人吗？”

“好像……很少。我看到的绝大多数人都只是在毫无知觉地谋生而已——受到命运的牵制，受到社会机制的禁锢。我看到生活充满了悲剧。幸福的人？我不知道有谁。”

“一个也没有吗？”

“也不能完全这么说。幸福本来就是很主观的体验，我认为不幸福的人，也许他们活得很满足。我想起，我大学时的一个老师，他或许最接近我所理解的幸福。他是一个鸟类学家，他经常在野外观察鸟类的迁徙和生活习性。有一年夏天我跟随他去野外考察，他已经七十多岁了，仍然在山林里灵活地穿梭。我记得有一次，太阳还没升起，他已经在大河边架好了望远镜，等待一种特别的鸟儿飞过。当淡紫色的晨曦来临时，鸟儿飞来了，很美。我看着那个老头，我羡慕他的纯粹与专注。他喜爱他的工作，他对自然充满了探索欲，他从来没有惧怕过死亡。半年前，我听大学的同学说他去世了，他临死前把器官捐献了出来。这样的人让我惊奇，因为他们对这个世界抱有毫不怀疑的爱。”

“这样的人也并不是特别罕见。”

“也许吧。但这样的人大多活在电影、电视、书本里，我不能体会到。不能亲眼看见的，总显得不真实。我所见到的许多人，多多少少对生活有恨意，有厌倦，或者就是抱着肤浅的热情，我知道，他们和我一样，对生活没有爱意。他们和我一样，不开心，不甘心，索求很多，可空虚却从来没有减少。”

“但我们至少可以知道，不是所有人都认为生命是受苦的。你所担心的，你未来的孩子会因为活在这世上而受苦，也是来自你的个人观感。”

“我不能仅仅因为这个可能性就把他生下来。这风险太大了。”

“你不要紧张，我并没有劝你生孩子。”

（二）

X问我：“‘为什么要把我生下来’这个问题，是你有的疑虑。你有没有想过，你问的对象是谁？”

“当然……指向的是我父母。”

“当你想到你要反问父母这句话时，你有什么感觉？”

“我会感到羞愧——因为我不应该问这样的话，这对他们也不公平，我不能要求他们是完人。但同时，我也感到有些愤怒，我的确对他们有埋怨，可是，当我一意识到这份埋怨时，我就又感到羞愧了。”

“是的。我们很难承认我们对父母的愤怒。虽然小孩经常会对父母抗议，但要在内心直面这份对父母的愤怒，是很难的。小孩深爱父母，这份因爱生恨的愤怒会被深深地压抑下来，最后无处可去，多半会转向自己。你知道吗？小孩常常会以‘自毁’的方式来表达对父母的愤怒和攻击，而他们浑然不觉。一个人攻击父母时，总是伴随着攻击自己。”

“我想到了张爱玲。她怨恨父母，她用隐晦曲折的冷暴力方式来报复他们，但她一生的最大攻击对象是自己，即使在父母去世多年以后。”

“我们总是能清醒地看穿别人，而对自己后知后觉，不是吗？”X看着我说，“你害怕生孩子的另一个重要原因——你也提到过许多次，就是，你很担心不能做一个好母亲。”

“是啊，我很担心，因为父母对一个小孩的影响太大了。”

“可是你为什么会如此担心？很大程度上，你身体里有一个小时候的‘你’，对于未来可能是母亲的‘你’，非常质疑和不信任：未来的‘你’究竟能不能做一个好母亲？究竟能不能让小时候的‘你’感到安心？因为你无法接纳你对父母的敌意，你担心你未来的孩子也会对你这样。”

“噢，是的。这就是投射。你提醒了我，我身边也有喜欢生好几个小孩的年轻父母，他们和父母的关系就是其乐融融的，或许在他们的心理投射里，做小孩就是一件很快乐的事吧。”

“心理学的好处，是让我们看到，每个人都是有限经验的产物。”

“我知道，人很容易囿于人生短短前十几年的经验，自恋、执着、不放手，拒绝重新认知，拒绝承认其他的可能性。可是，知易行难。”

“如果你担心你不能做一个好父母，那究竟什么样的父母才够标准？”

“要对生活有爱，对小孩有爱，情绪平和，能无条件地接纳孩子，在孩子漫长的童年中，有耐心照顾他，能接受一定程度的自我损耗与自我牺牲。不强制孩子，不局限孩子的视野，给孩子尊重和自由——而这些，好多人都做不到。如果我的个人生活和小孩的需求起了冲突，我肯定会将个人生活置于优先地位——这，并没有错，但却可能对孩子带来不可估量的影响。”我说，“现在的‘我’，同时拥有两个身份：一个是纠结要不要做母亲的年近三十的女人，一个是懵懂却又冷眼打量这个世界的小孩。这两个身份是相互警惕的：‘母亲’警惕着‘小孩’，怕他偷走‘自我’；‘小孩’也警惕着‘母亲’，怕她的不完美甚至不合格。”

（三）

“你怎么看待你的婚姻？”

“我似乎……随时在准备逃跑。我是个怀疑主义者，我在怀疑许多东西，包括婚姻。结婚时，就几乎是抱着悲壮的心态去结婚的。当初下定决心去结婚的原因是，无论我们结不结婚，关系都会这样持续下去，不会因为结婚而有什么变化。”

“你对婚姻的这种怀疑心态，是不是也会阻止你去生下一个孩子呢？”

“噢，当然。”

“现在你们的关系还好吗？”

“我觉得……婚姻中男女之间的感情比简单的好与坏要复杂和微妙，所谓至亲至疏夫妻。”

“但是你其实还是很重视你老公的意见。他坚持要孩子，你会特别认真考虑这件事。”

“这就是人与人之间奇怪的地方。在大多时候，从表面看起来，我胆大妄为，他谨小慎微，可是，在本质上，我特别没有安全感，他内心很有安全感。这也是在日常中看不见的深处，我所依赖他的地方。”我说，“很多夫妻的关系并不像表面看起来的样子吧。人也是矛盾的，就像我刚刚和你说的，我随时在准备逃跑，但是，我却没有跑开。罗门的小说《逃离》不就是在说这样的人性吗？人总是想着逃离，行为上却做不到，究竟是想法更忠诚，还是行为更忠诚呢？我想，行为才是流露本质的那个。我一直在强调各种各样不生小孩的理由，可是，这算不算也是相反的投射——我其实很希望有个小孩呢？我在抵制对养育孩子的热切？”

“从你这么深刻的焦虑来看，是这样的。你如此纠结，说明与你不敢生孩子的恐惧同样强烈的，是对生命的好奇和尝试欲望。如果没有后者，你就不会如此纠结，因为没有对抗的两股力量，只有一股力量，是无法形成挣扎的。”

（四）

“我感觉快把自己撕碎了。我常常想，活着究竟是为了什么呢？有什么意义呢？”

“存在本身就是意义啊。”

“可是我们为什么要存在呢？”

“我们已经存在了，存在本身就是意义。”X的语气很笃定。

我看着她，竟然一时说不出话来，好像被一束强光瞬间罩住，不能思考。

X也不解释。我们之间寂静无声。

（五）

“我有一个很深的疑虑，”我说，“人是有灵魂的吗？灵魂有轮回吗？有时候我会感觉时间并不存在。我好像活了很久很久。如果潜意识是我们尚未发掘的冰山，那么那里不仅仅有恐惧，还有辽阔的神秘。在我的梦中，印象深刻的，不是只有噩梦，还有一些语言难以传达的景象和体验。比如，在有的梦里，我的意识流进了一个垂死之人的身体，我越来越稀薄，没有形体，像一阵风，俯瞰着广袤的地面，我飞向了许多地方，掠过许多树梢和水面，我就要消失，却因那永恒的瞬间而无比喜悦与平和。我好像曾经轮回过。”

“有一种理论，时间确实不是线性的，它不是简单的过去—现在—未来，而是以人的意识层次为参照物。当人的意识一直停留在某个层次时，时间的流逝并没有起作用，人还是静止地待在原地，只有意识层次开始变化和提升，时间才有了转动。”

“你觉得有灵魂这样的东西吗？”

“灵魂，在我的理解里，最接近‘意识’。‘意识’并不因为某个人的消失而消失，它早于个体的存在，它大于个体的存在。在一个人出生之前，‘意识’已经在流转，在一个人去世之后，‘意识’同样在流转，它只是会以不同的程度和角度呈现在一个人身上。正如组成我们肉体的物质元素在不断聚合、散落和重组，我们每个人也不是新鲜的，我们来自‘意识’的聚合和变化，终究也要消融于‘意识’。”

“在很有限的时刻，我能感受到这样的联结，与宇宙的联结，像神性降临，一切都没什么好怕的，宁静自足，可是这样的时刻转瞬即逝，我又跌落在泥泞的危险的现实中。”

（六）

“我向你确认一下，”X说，“从我们的交谈中，我总结你对‘活着’的看法有这么几个关键词：它是痛苦的——人活下来就是在受苦；它充满了危险——伤害无处不在，任何人和关系都不可靠；它是失控的——人在其中是被动无力的。”

“嗯，是这样，之前只感到一种莫名的巨大的恐惧与抗拒，你这么梳理下来，也就是这么几句话而已。”

“你在仇恨这个世界。”

“我以为我只是对它冷漠和无动于衷，我以为我是不屑。”

“不，你认为生命痛苦和厌烦，因为人无法选择父母，无法改变他人对我们的伤害，无法控制过去，无法左右未来……人是命运和环境的奴隶。你感到愤怒和怨恨，而这个世界依旧如此运转，你什么也改变不了，你只有把对外的攻击转向对自己。抑郁的人，并不是心如死灰，抑郁也是一种强大的能量，它可以剧烈到杀死自己，它是变相的不被接纳的仇恨——对那些不受控的外界力量的仇恨。”

“人难道不是命运的奴隶？不受控的外界力量，是我幻想出来的吗？它是真实存在的。为什么要粉饰现实呢？”

“我不能决定你对世界的看法，我只能提供更多的可能性被你看见。决定权永远在你手里。”

（七）

“活着这么糟糕，”X继续说，“你却强烈地害怕死亡——还记得我们的那个催眠的启示吧？”

“当然不会忘记，我这辈子都不会忘记。我既感到活得没意思，却又在最深的潜意识里恐惧死亡……”

“这个矛盾会让你想到什么呢？”

“我好像明白了——这不是矛盾，这是一件事。活得没意思，正是我恐惧死亡的原因。我诅咒生活，觉得这个世界浑浊、愚昧、荒谬，我害怕在这其中活得像行尸走肉，但我更害怕这样的状态是永远无止境的，那才是最可怕的惩罚。永无止境的孤独与绝望，连自杀和死亡都不能结束这样的状态……我知道，如果我在活着的时候找不到出路，死亡就更丧失了这种机会。死亡会让我永远停留在生前的状态中。我会坠入永远的黑暗与孤独。”

“你找到了症结。强烈害怕死亡，恰恰是因为没有充分地活过。”X说，“最不惧怕死亡的人，不是轻视生命的人，而是充分活过的人——只有这样，才能死而无憾。”

“真的，如果现在死亡站在我的面前，我会感到一阵空虚，和我活着的许多时候那样空虚。因为在我活着的时候，我孤独、怨恨、悲伤、逃避——如果这些就是我这一生的最大主题，我会死得不甘心。”

“所以呢？活着这么痛苦、危险、失控，你也要再尝试吗？”

“你在激将，”我说，“我这个矛盾体还真有点别的东西。我的潜意识里有死灰般的绝望和孤寂，这是你让我发现的；然后你又告诉我，在这样的抑郁背后，隐藏着愤怒和仇恨；现在，你又让我体会到，在这样的仇恨下面，还涌动着生命力和欲望。”

“我不奇怪，这个生命力不只是属于你的，它存在于所有生命身上。”

“我感到一股倔强的力量，小而锐利，它让我觉得我也可以做点什么，它让我觉得，我和这个世界也不是完全敌对的关系，至少我可以选择不成为那敌对的一部分。是呀，外面残酷又凶险又怎样呢？躲起来，冷眼嘲讽又有什么用呢？有什么好怕的呢？不可能有比浑浑噩噩死去更可怕的了。”

“这也是我想问你的问题，你认为人真的是无法左右未来吗？未来不是由‘现在’的选择决定的？‘现在’的你难道真的是永恒不变吗？”

“你说得对。在我刚才的起心动念中，我已经做了一个和以往不同的选择。哪怕这个起心动念也是命中注定的，哪怕我遇到你也是被某个程序写好的，可是，这个过程并非一点儿都不好玩，因为还有我不知道的未知，因为还有我想问下去的问题。我发觉到了我内心的变化，正在朝向一个我未曾踏过的疆域，这让我有了久违的兴趣。”

“听到你这么说，我很开心。”

“生与死，原来是一体的。我们并没有兜圈子。生育的抉择，激发了对活着的意义的质疑，对活着的质疑，又引发了死亡焦虑，而死亡焦虑的根源，竟然是我对现有生活的仇恨和否定。这环环相扣，难以察觉。生，还是不生，都不是问题，问题在于我要怎样过完这一生。在死亡面前，这是灵魂的事，不是要讨他人和自己欢心的事。这没法敷衍。我现在觉得，生命并不是我想的那么一无是处，它充满了谜，它让我好奇。它唤醒了我要好好活的欲望。谢谢你。”

不快乐的女人，不快乐的母亲

2014年1月

Q，我同事的朋友

Q听说我正在写关于生育的文章，很感兴趣，说要找我聊聊。我们约在一家咖啡馆。

（一）

“我看了你的专栏，写得很好，有一些内心的感受，自以为是很隐秘的、难以诉说的，却被你写出来了。”Q说。

“噢，谢谢。”我笑笑，不太习惯他人的夸奖。

“我今年三十七岁，我二十七岁生孩子，如果我年轻的时候能像你这样，仔细想一下结婚，尤其是生孩子的问题，也许现在不会这么被动。”

“这个事情，也不是想就能想清楚的，其实我也有很多困扰呢。”我实话实说。

“这样啊。我还以为你是坚定的丁克主义者呢。”

“也不算，只是有一个简单的执念：如果生孩子，要在生之前弄明白活着的意义究竟是什么。”

“很巧合，”Q认真地望着我，“我最近就在想这个问题：活着有什么意义？只是，和你不同，我现在已经做了母亲了，在有了孩子之后，还在想这样的问题，让我更加忐忑不安。别人都说，有了孩子就有了明确的意义和目标，浑身也有用不完的劲，可我感觉不到，反倒越来越脱离我原有的轨道。有一天去上班，我突然发现：身边的人都匆匆忙忙地走路，面无表情，我和他们一样——我们到底在忙些什么？我有很好的工作收入，我有看起来很体面的家庭，我还有个孩子，可是，那一天，我却被一个荒唐的念头砸中了：我是谁？我为什么会在这里？这是我想要的生活吗？我所拥有的这些，都不能代表我。那一刻，我完全没有想到我的孩子。我大脑空白。我忽然感觉很疲倦很疲倦。”

“中年危机？”我说，“人常常是这样，在奋力拼搏时，在没有喘息的机会时，忙着追求物质的原始积累和外界的认可，等条件稍微好些了，能稍微停下来休息一会儿时，对过往生活方式的‘怀疑’就乘隙而入了。人这一辈子对意义和身份的追问有两个爆发期，一个是青春的叛逆期，一个是中年的危机期，你的情况，就是后一种吧。”

“嗯……有道理。我做了十年记者，那十年我熟悉了如何利用人性的弱点来采访不同利益相关方的人物，完成一篇深度调查报道；这几年我做传媒销售，也是游刃有余，可是，不知为什么，我越来越不开心。我想停下来想一想究竟是怎么回事。”

（二）

“在这世界上，为生活的意义而烦恼的，肯定不止我们两个吧。这个话题听起来大而无当，却又这么确切而具体地在那里，怎么也绕不过。”

“但是，这个话题却不能说出来。特别是到了我这个年纪，身边都是四十岁左右的中年人，事业成熟，有儿有女，多多少少都有些生活体悟和沧桑感，忽然要质疑之前的生活，会被他们认为幼稚又矫情。到了这个阶段，都是以社会资源拥有者的身份出现，不可能随意示弱了。在熟人面前我不愿意流露出迷茫的状态——都到了当人生导师的年纪了，怎么能迷茫呢？”

“和丈夫也没法说？”

“这样的感觉，更是难以和朝夕相处的人诉说吧。我也丧失了沟通的耐心。我和我丈夫就像是两个不同星球的人——是从什么时候开始变成这样的呢？两年前？五年前？都忘记了。现在这个婚姻，除了让我感到窒息以外，没有别的正面体验。我对孩子的耐心也越来越少，我总觉得，我是我，他是他。这就是所谓的我生命中最近的两个人，我却没有办法让他们明白我在想什么，他们也明白不了。我只能一个人去面对。有时候待在那个家里，躺在我老公身边，我的心里却想着他们永远也无法理解的东西，我想，没有比婚姻中的孤独更孤独的孤独了。孩子，也根本无法缓解那种蚀骨的孤独。”

“许多人都怀有一种侥幸：孩子是万能药。夫妻感情不好？生个孩子就好了；生活没有方向？生个孩子就好了；工作不顺心？生个孩子就好了。可惜事实不是这样，孩子填补不了生活的黑洞。孩子最多只能掩盖问题或推迟一段时间，该来的还会来。”

“我已经从家里搬出来了，在A大学附近租了一套公寓住。这个事情我想了一年，终于做了。当我真正去做的时候，我心里很清楚，这是我做得最正确的一件事。我感到很轻松很畅快。”Q说。

“啊，你做了许多婚姻里的人想做又没有去做的事啊。”

“我结婚很早，大学毕业不久就结婚了。和许多中国女人一样，我一结婚就进入了另一个家庭——丈夫的家庭，和公婆一起生活。老人做家务，照看小孩，我忙着我的工作。老人嘛，无论在生活方式上还是在教育方式上都会干涉我们，不过我一般都能处理好，尽量和他们不起冲突。只是，偶尔，我会觉得那不是我的家，我像一株外来的植物移入了这原生的土壤里。”

“我很多女朋友都提到过，和公婆住一起，心情很容易抑郁，是说不清楚的郁闷。说出来吧，都是些不起眼的鸡毛蒜皮的小事，显得小肚鸡肠，可是更多的是说不出来的。那是权力的隐形战场，时时刻刻被监督、被审视、被挑剔、被窥见的不自在，日积月累，能让人发疯。”

“我结婚时并没有觉得不妥，和丈夫的父母同住，对我们‘70后’来说是一件比较普遍的事。我和公婆的矛盾也并不突出。不过我很能理解那些和公婆关系不好却又没有办法结束这种状态的女性。因为，我很清楚，如果和公婆关系不好，那么在家里会无比苦闷和憋屈，那是漫长的绞杀，而且没有解药——男人是没法理解的，男人也不会主动提出与父母分开住，他们认为一切都是合理的。唯一不合理的是女人的小心眼。”

“中国男人是天然倾向于母亲的，他即使再爱一个女人，如果这个女人和母亲起了冲突，他心里也会对这个女人打折扣。我猜，几乎所有男人在寻找结婚对象时，都在潜意识里想过‘这个女人能不能和我妈长期相处’这个问题。男权文化在我们社会很明显的表现之一，就是父母可以理直气壮地和儿子同住，却很少有父母有底气和女儿同住。”

“女人恋爱时很天真的一点，就是以为男人会是她的同盟——不是的，男人的社会化程度很深，爱情在他们的重大抉择中只占次要的比重，男人综合权衡考量，他们不允许自己只有爱情这一个阵地，那对他们来说太没有安全感了，那是对他们男性身份的侮辱。”

（三）

“我听另一个女朋友也说过，不要试图用爱情去争取男人，那只是一时的，男人本来就不是爱情动物。用爱情，你争不过男人的事业、家族、社会认可这些力量。在男人的判断里，有了后面这些支持，自然就有了爱情。后者才是不可或缺的。”我说。

“所以说起来，男人这样的物种很无趣呢。可是，这好像也不能怪罪他们，社会的规则运行如此，他们也是遵从社会规则。实力带来更多择偶权。就连女性也是，实力才能带来更多自由。我如果不能赚到足够多的钱，怎么能搬出来住？有多少女人想要离开婚姻，却又害怕没有谋生能力或物质生活质量下滑？或者说，女人的‘唯爱主义’也应当得到修正，也应当补充一些男人推崇的理性与实力。”

“思想上想要独立和自由，行动实力却不够，无疑是最痛苦的。娜拉说，‘从今以后，我不能一味相信大多数人说的话，也不能一味相信书本里说的话，什么事情我都要用自己的脑子想一想，把事情的道理弄明白’。可是，当一个人饿肚子的时候，什么道理都摇摇欲坠了。”

Q点头说：“许多红颜薄命，‘薄’就‘薄’在实力太弱。这是一个权力通行的世界，男权的规则同样适用于女人。我有一些小时候的玩伴，长得很漂亮，但出于家庭原因或自己不愿意多读书，二十岁不到就结婚生孩子了。很快，她们的生活就定型了，再也没有别的可能。她们抱怨生活的艰辛和丈夫的陋习，但是她们无能为力，她们只能仰仗丈夫的经济来源，哪儿也去不了。”

“漂亮的娇气女孩，不到几年的时间，就变成一个能忍耐能吞下一切苦果的妇人，这不是我们最熟视无睹的故事吗？一个女孩，因为社会和家庭的偏见——女孩读太多书没什么用，嫁个好男人就差不多了——早早地放弃学业，懵懵懂懂地结了婚生了孩子，等她明白过来，已经无法回头了。她没有谋生的技能，她不能离开小孩，她也雇不起人帮她照顾小孩，等小孩大了，再过个十年，她就更加深陷其中动弹不得了。”

“一个生过孩子的女人，在许多人眼里，包括在她父母眼里，安安分分地待在婚姻里把小孩养育成人就是她活着的目标了。谁在乎她过得好不好？谁又会对她婚前的无知和婚后的孤立无援负责？没有人。她不得不认命。”

“女人如何被对待，她们的孩子就是如何的状态。一个无助的母亲、一个不快乐的母亲、一个情绪不稳定的母亲，不可能养育出人格健康的孩子。在不尊重女人、女人纠错成本很高的社会中，女人活得压抑、愤懑、恐惧，最受伤害的就是她们的孩子。”我说，“反过来，如果女人被尊重、被鼓励、被赋予，如果她们不背负偏见和习俗的枷锁，如果她们能够完整地去实现自己的潜能，能自由地施展能力和追求幸福，她们的孩子将看到快乐和力量的榜样，这样的教育才是深刻和持久的。”

（四）

“然而一个人抗争社会或等待社会突变，都是徒劳的。易卜生说，有时候我觉得这个世界就好像大海上翻了船，最要紧的是救出我自己。”Q说，“女人尤其要有自救的意识和实力，尽力争取更多的教育机会，获取更好的社会资源，生育更少的孩子，都是女人自救的方法。”

“你说得对。尽管在现实中，有很多女人以爱情和婚姻为交换，来获取优越的生活——这也是她们的选择，也无可厚非。”

“可是她们不会满意的。女人天生是爱情动物，如果她交换了爱情，她会一辈子不安宁，她将终身渴望。”

“噢，爱情太昂贵了。爱情和许多事物有冲突：稳定、金钱、婚姻、亲情，包括——孩子。”我说。

“我最好的一个女朋友，她为了所谓的爱情，落得身败名裂。我既同情她，又佩服她的真实和勇气。我只有庆幸，我没有遇到那么一个让我奋不顾身的男人，否则，我可能也会和她一样进行这危险的尝试。她让我想到一个问题，结了婚生了孩子的人是不是再也没有资格追求爱情？”

“我个人觉得是有的。但具体怎么操作，如何处理好这其中的得失平衡，恐怕是很不容易的。一时冲动谁都会，最后能取得圆满结局的，就屈指可数了。你是不是……不再爱你的丈夫了？”

“我们之间的爱情大概消失了。最能谋杀一个女人爱情的，是她对那个男人的轻视，一个女人一旦瞧不起一个男人，爱情就死了。当我和他的精神需求渐行渐远之后，我发现了我内心对他的失望与轻视。对他，是再也爱不起来的无力感。”

“所以，你决心要分居。他是什么反应呢？”

“他很激动，一定要我搬回去。我却很冷静，和他连争执都争执不起来。我已厌倦解释，无论怎么解释，他都会误解。只是，我唯一不安的，就是我离开了我的儿子。我不知道，他怎么看他妈妈这样的行为？我不知道，我这样离开对他有没有不好的影响？”

“你让我想到一部美国电影，《克莱默夫妇》，里面的妈妈也是离家出走，她的孩子更小，才四五岁，可她仍然狠心走掉了。站在孩子的角度上，这是个很不负责任的妈妈；可是站在这个女人的角度，她的需求被丈夫漠视，她的自我被‘母职’完全吞没，她处于很糟糕的精神危机中，她除了自救别无他法。电影结局是好的，一年多以后，妈妈焕然一新地回来了，又能给孩子高质量的陪伴了。问题是：生活就是会顾此失彼的，对孩子付出到什么程度，才算负责任？是不是以孩子的名义，就可以对父母个人的其他选择大加鞭挞？父母追求自我的权利，是不是天然要让位于孩子的权利？如果是这样，那李叔同出家，他就是完全对不起孩子的负心父亲了。”

（五）

Q望着窗外说：“孤独，自我，自由，爱情，是人类永恒的命题。包法利夫人和安娜·卡列尼娜如果只是荡妇，就不可能成为经典的文学形象。女人总在追逐爱情，无论是未婚还是已婚。只是，孩子们习惯将妈妈看作慈爱的母亲，却不愿去想‘母亲’也有爱情和欲望。我们的社会就像这样一个掩耳盗铃的孩子。”

“然而这些故事都告诉我们，如果将爱情作为拯救人生虚无的工具，是注定会幻灭的。”

“有时候我会想，如果我没有孩子的话，我可能会更早离开这个婚姻。生下这个孩子以后，我也不知道他是不是幸福，看着他每周去上补习班，为了要比同学考得更好而焦躁烦恼，走上和我一样的老路，我都不敢问他：‘你开心吗？’因为我也指不出一条超越我现有生活的路。”

“你是准备离婚了？”

“是。”

“你现在有新的恋爱对象吗？”

“没有。我可以没有爱情，却没有办法和不爱的人在一起生活。”

“如果有一百个女人正在和不爱的男人生活在一起，估计有九十九个想要离婚，但最后真的离婚的只有一个。”

“是呀。从现实的角度来看，离婚即使越来越普遍，也不是所有女人都能承受其代价。生育更是提高了这一成本。孩子就是紧箍咒，我看见许多这样的例子，孩子会让一个女人褪去骄傲和希望，学会沉默地面对生活的剥夺，不再反抗。”

“你后悔生孩子吗？”

“有良知的父母，都不会后悔生下孩子。我很爱我的儿子，在关键时刻，我也愿意用我的生命去换取他的生命。可是，这和我偶尔会想‘如果不生孩子现在也挺好的’并不矛盾。有了孩子，我才知道，有一些很重要的问题，真的不是孩子就能给出答案的。”

“批判”弗洛伊德

2014年4月

J，心理学习小组队友

J是我在一个心理学习小组认识的，她有着柔软的长发、白皙的娃娃脸，每次发言却十分精练、冷静，透露出与外表不相称的成熟与锐利。在一次私下讨论中，我们说起了弗洛伊德。

（一）

“历史就是少数人偶然写就的，”J说，“如果没有弗洛伊德，整个20世纪的心理学史、文学史与艺术史都将完全不一样了。他真是个千年一遇的天才。”

“他是个很有魅力的老头，”我说，“我越是阅读他的文章与理论，越是欲罢不能，所谓穿越层层表象直达核心的快感，就是这样，很少人能做到。尤其奇妙的是，他深刻，却并不晦涩——许多人都以为他晦涩，恰恰相反，他的深刻很日常，就是在日常生活的许多地方，都可以被他的理论解读得十分贴切而美妙。这才是他的伟大，这种感觉，就好像夜里走路，在许多不起眼的拐角处，都碰见了硕大的暗香浮动的昙花，那是惊心动魄的美，让人感叹。如果没有他，我们对我们自己，了解得有多寡淡。”

“精神分析实在是很好的工具。在对人性的解剖上，没有比精神分析更锋利的刀片了。因为它的锋利和准确，表面看起来，会让人很痛，其实它是最好的治愈基础。锋利背后是厚实的温暖与关怀。”

“嗯。”我表示很赞同。

“他更像个哲学家。他沿袭的是苏格拉底‘认识你自己’的追问，他走得比以往哲学家更远。他让我们看到了自己深不可测的潜意识，他让我们知道，正是那些看不见的，在左右我们的言行和命运。他引领我们去掀‘命运’的牌子，去找到那些牵动我们‘强迫性重复’的木偶之绳。”J说。

（二）

“可是，不知道你有没有这样的感觉，”我说，“当我十分倚重弗洛伊德的理论来解答我的人生难题时，却又发现他指向了无力和绝望。他的几个核心观点，都让人忍不住陷入悲观。第一个观点，他揭露了人的生物性本质——本能、性欲、非理性冲动等，都是不受理智控制的，和这些暗涌的原始欲望比起来，理性的文明的防御是非常脆弱的。而且，越是压抑和防御，非理性的反扑就越是强大。我们自以为是万物之灵的体面与尊严，随时可能被疯狂的无意识砸个稀巴烂。第二个观点，童年决定了我们的一生。在我们还没有任何选择余地的时候，我们从婴儿时期到幼儿时期的经历，就决定了我们未来一辈子的情感模式和行为模式。这两个观点都在说，我们终其一生，就是被写好的程序，被我们完全不懂和无法抗拒的指令推着走而已。这不是让人心灰意冷吗？我们改变不了我们人性的本质，也不可能坐时光机回去改变我们的童年。”

“是的。改变不了的，会让人绝望；人类的一切希望，都是建立在可以改变的前提下。这也是我读弗洛伊德时心情矛盾的地方，一方面，我很清楚，人性的本质，的确就像弗洛伊德揭露的，是由一些基础的程序组成的，扣动其中一环，就会引起相应的反应，这是所有人都无法脱离的规律，是一个大背景。话又说回来，弗洛伊德以及心理学让我们看见这些规律的意义，不正在于我们意识到以后就可以在这个大背景下做一点儿主吗？——这样一想，该感谢他的诚实与努力。另一方面，我不好判断‘做这一点儿主’的空间有多大，与这个大背景相比，也许是非常渺小的，可对于个人来说，也可能是革命性的。从宇宙的视角来看，所有人都是同一个物种，99.9%都是一样的；可是从个人的命运来看，就是那0.1%的自主性，决定了完全不同的命运。”

“还有一个令我矛盾的，就是弗洛伊德引起的世纪大讨论：父母对子女的影响究竟有多大？弗洛伊德为儿童争取到了前所未有的权利，一百多年前，孩子是微不足道的，父权一统天下。现在，尊重孩子和家庭民主成了主流，弗洛伊德功不可没。甚至有的父母在教育中患得患失、步步惊心，生怕一个小举动就毁了孩子的一生，这同样也是弗洛伊德开启的源头。精神分析很注重幼年经历，一个人的人格在童年就形成了，也就是说，父母，尤其是母亲，基本决定了这个人的未来：决定他的结婚对象、工作选择，以及他生活中的每一件事。”

“许多人了解弗洛伊德之后，都会追溯起自己的童年，然后痛苦地发现早年的阴影，于是，找到了人生困境的根源……”

“是呀，这样的模式，大家太习以为常了，它似乎又导致了童年分析的滥用。有的人在发现一切原因都在童年时，就为‘现在’的不如意找到了最好的借口，反正‘一切错都不是我的错’，‘是我小时候父母的错，我只有一直过得不好，才正好验证了童年阴影的后果’。可是，相反的是，另一些人却从来没有发现早年经历暗示的预言，他们重复着原生家庭的轮回，如果能意识到，是很有希望打破这轮回的。”

“所以，如何判断出父母对子女的影响，不能简单地套用公式。最好的工具，也会被粗暴肤浅的使用者用坏。‘我为什么是现在的我’这个问题，父母肯定是很关键的线索，但是，也有大量案例表明，在相似的养育环境下，子女的成长轨迹也大不一样。比如，同样是孤儿，同样被人欺辱，有的人可能产生反社会人格，有的人却因此自我激励，努力出人头地，获得力量，扶助弱小。”J说。

“如果学习心理学是为了更好地生活，那么，既不夸大、也不逃避父母对我们的影响，才是考验我们的功课。这个过程需要抽丝剥茧的耐心，以及直面真相的勇气。”我说，“说实话，我曾为过去经历而痛哭，我曾感受那种看见自己‘既定命运’的无奈与无力，我也曾怀疑我的未来没有希望。也就是在那时候，我开始意识到，我不能太迷信弗洛伊德，这样是没有出路的，无论我的过去怎样，我不能一直活在对过去的分析之中。我的现在和未来是有选择的，只要我愿意选择，我就可以选择——当我发现这一点时，我好像绝境逢生了。所以，当我后来又看荣格时，我很有共鸣，荣格对弗洛伊德作出了批判和补充，在我看来它们十分合情合理，因为我自己的需要也是这样的。”

（三）

“荣格把‘成人的发展’带到了心理研究领域，的确是对弗洛伊德极好的补充。像我们这样偏好精神分析的人，总是特别关心儿童的早期发展，因为按照弗洛伊德的假说，人生最初五年的经验，在人格的塑造上是最重要的。”

“是啊，按弗洛伊德的理论，成年人几乎没有机会了。荣格却认为，潜意识虽然包括过去的创伤，但也包括新的机会、未来的希望，以及更良好的适应。他同意，在精神疾病中，童年的因素是很重要，但他强调，这类因素之所以再现，其实是‘现在’适应不良带来的效应。在他的治疗方法里，他不只是向过去寻找，而是向当下寻找。以荣格的观念来说，精神危机也是一种寻求改变的讯号，是当事人正在自我省思，重新自我评估，为的是达到新的、更良好的适应。比起弗洛伊德，他的指向明显更开阔：人的成长是一辈子的事，在成年之后，一个人还有许多更新和变化的可能，这是真正意义上的自我实现。”

“所以荣格比弗洛伊德更具有人本主义的温暖。不过，能在成年之后还保持持续更新和变化的，这样的人也不多。许多人一到中年就开始僵化了。”

“我倒觉得，这是对中年人的偏见。从纯生物的角度看，动物实现繁殖以后就没必要活太久了，可是，人类却可以再多活几十年。这几十年用来干吗呢？当然是要弄明白一些没明白的问题，修复早年的创伤，实现原本的潜力。能治愈‘绝望’的，只有‘希望’。希望是什么？希望就是‘时间’加‘可能性’。时间可以带来很多新的可能性。”我说，“你不知道，在我快三十岁时，当我执着弗洛伊德的过去决定论时，我有多悲观和绝望——如果一个人的命运在他五岁之前就决定了，如果我对我的现在和未来完全无能为力，那我活着还有什么意思呢？幸好我的生命力还留有一息不甘心，它就像自动往有光亮的地方生长的绿藤，验证了荣格的洞见。弗洛伊德和荣格，都是深刻的哲学家，只是，从我个人的摸索来看，荣格的观念更符合人性的需求和发展。”

“回忆过去相对容易，改变却是艰难的。这或许是许多心理治疗停滞在对过去的分析的原因。有时候，我们没有能力没有勇气面对现在的难题，所以把归因和注意力转移到了过去。”J说，“毕竟，拒绝成长，最好的办法是永远使自己处在过去的经历中。”

（四）

“当我发现‘人的成长是一辈子的事’‘成年人也可以修复过去和重塑未来’时，我的育儿观念也改变了。”我说，“以前我一谈到父母，就会觉得父母是孩子一切问题的罪魁祸首。现在，我开始想：也许我把父母看得太重了。父母是神，看似决定着子女的命运，可父母又不是神，因为一个生命有他自己的内动力，不是任何人能轻易压制和左右的。生命是自然的一部分，没有人能与大自然抗衡。很多父母处心积虑地安排，最后发现，他们的作用，是弱小的，子女从来不会完全按照他们的设计去走。”

“是的，我见过那种情况，父母很糟糕，但子女很优秀，他们在困境中锻炼出了坚韧、负责、慈悲的品质。这不代表他们没有痛苦，可是，他们仍然可以在痛苦中成长——这样的力量，虽然只存在于一部分人身上，也还是令人感叹。这样的力量，就像海洋的潮汐、极地的植物，只要地球还在，就不会消失。人类也是很奇特的物种，社会文明不断毁灭又不断重建，靠的就是在残忍的暴力中还有这样的力量吧。”

“你说得真好，”我说，“有一天，我想到，一个人可以不完全忠诚于‘过去’和‘环境’，也就是心理学上说的，可以打破对‘过去’和‘环境’的强迫性重复，我豁然开朗了。我是‘过去’和‘环境’的产物，但我并不是毫无还手之力的。意识到这一点，就有了改变的可能；一旦开始改变了，就会看见，‘过去’和‘环境’并没有我想象的那么强大。具体地说，我会发现，父母对我的影响是有限的，甚至是非常有限的。许多痛苦的纠结，其实是因为停步不前。”

“那你现在应该也没有像以前那么恨父母了吧？”J说。

我惊讶地看着她，说：“你真是很厉害，从我的话里就知道我和父母之间的关系。”

“当然，人的语言是可以透露出很多秘密的，特别是在我这种敏锐又聪明的心理学爱好者面前。”J又俏皮又一本正经。

“话说回来，是的，我不那么埋怨父母了。纠结与怨恨，是因为身在其中，是无力感引发的焦灼和愤慨。当一个人走得足够远，当他并不会被父母轻易影响或控制时，接纳父母，就变得轻松而容易了。”

（五）

“这个又涉及另外一个话题了：父母不可能是完美的，在养育过程中多少会有疏忽和缺憾，那么，父母对子女，不能缺少的最重要的是什么？又有什么是万万不可以做的呢？”J说。

“我想，最关键的还是感受子女的能力，也就是爱的能力。一个孩子在他的成长过程中，只要被一个人真正地爱过，只要他体会过‘爱’，就不会出现重大的人格问题。这个人哪怕不是父母，是其他人，也行。最可怕的，当然是有各种精神障碍的父母，他们的子女可能遭受严重的身心虐待，无异于生活在地狱之中。”我说。

“有一个巨婴的概念，是说一个人成年之后仍然像婴儿一样，非常自恋，所有人都要按他的想法去做，任何不如意，都是别人的错。这样的人，应该也有患巨婴心理的父母。”

“我倒觉得，婴儿的自恋心理，就像阑尾一样，残留在我们每一个成年人体内。仔细观察婴儿的需求，会发现他们几乎一刻也离不了人。生命的设置，就是要在关爱中才能存活下来，尤其是人类，婴儿期极其漫长。要说天性，‘希望全世界围着自己转’就是人的天性；在人的任何阶段，这种天性时不时地要冒出来。大人不可能百分百地满足一个婴儿的所有需求——‘全世界都要无时无刻地围着我转’。知道这一点，对做父母的，尤其是做母亲的，也很重要——你不可能做一个一百分的妈妈。”

“这对那些完美主义的人来说，是一个很好的解脱。如果执着于做一百分父母，很可能带来更大的问题：强迫症的控制和失控后的狂躁。六十分的父母，刚刚好。”

“父母无论怎么做，都会留下缺憾——想到这一点，真是让人海阔天空。而缺憾，并不是就不好，它可能带来新的成长空间。对大多数普通人来说——我是说，大多数没有摊上严重精神障碍父母的普通人，明白这一点，既能对父母更宽容，也能对自己将来当父母更从容。至少对我来说，我会觉得，做父母不是那么可怕的事了。我并不会完全决定一个孩子的命运——这样想，是太自恋了，也低估了一个新生命的内动力和突破力。”

“我曾经给自己立下一个誓言：要学会怎么做一个好母亲，

才去生孩子。”

“那么，你现在学会了吗？”

“我学得越多，就越不敢说我学会了。如果一个人要真的等到百分百学会了才去做，那她永远也不会生孩子了。”J略带无奈地笑着说，“有意思的是，人类历史上，很多有大爱的人，并没有子女，像特蕾莎修女、林巧稚医生，她们比谁都懂得爱，可是她们不需要通过养育子女来证明。”

“另外，谁有资格做父母，也不是我们能评价的。我们以为贫穷的、不稳定的、糊涂无知的人，没有资格生儿育女，可谁知道呢，也许他们恰好生出了改变世界的人。父母与孩子并不是完全的因果与继承关系，就如基因并不是完全的复制，总有一些突变，蕴藏着不可知的未来。”

活了100万次的猫

2014年7月
M，我的好友

一走进那家小小的书屋，我就看见M坐在正中央的椅子上，她身边已经围坐了二十几个人。读书会就要开始了。M看见我，示意我找个地方坐下。我坐在人群的角落。

（一）

“今天我要和大家分享的，是一本儿童绘本，也是我最喜欢的一本书——《活了100万次的猫》。”

M开始翻书念起来：“有一只100万年也不死的猫。其实猫死了100万次，又活了100万次。是一只漂亮的虎斑猫。有100万个人宠爱过这只猫，有100万个人在这只猫死的时候哭了。可是这只猫连一次也没有哭过。

“有一回，猫是国王的猫。猫讨厌什么国王。国王爱打仗，总是发动战争。打仗时，国王把猫装在漂亮的篮子里，带在身边。有一天，猫被一支飞来的箭射死了。正打着仗，国王却抱着猫哭了起来。国王仗也不打了，回到了王宫，然后，把猫埋到了王宫的院子里。

“……猫还曾经是水手的猫，曾经是魔术师的猫，曾经是小偷的猫，曾经是孤独老奶奶的猫，曾经是小女孩的猫，它被锯死过、被狗咬死过、老死过，还被孩子的背带勒死过。不过，它已经不在乎死亡了。

“后来，这只猫不再是别人的猫了。它成了一只野猫。这只猫，头一次变成了自己的猫。它太喜欢自己了。怎么说呢，漂亮的虎斑猫终于变成了漂亮的野猫。

“不管是哪一只母猫，都想成为它的新娘。有的送条大鱼当礼物。有的献上新鲜的老鼠。还有的去舔它那漂亮的虎皮花纹。可虎斑猫却说：‘我可是死过100万次呢，我才不吃这一套！’因为它比谁都喜欢自己。

“只有一只猫连看也不看它一眼，是一只美丽的白猫。它走过去说：‘我可死过100万次呢！’‘噢。’白猫只说了这么一声。它有点生气了，怎么说呢，因为它太喜欢自己了。第二天，第三天，它都走到白猫的身边，说：‘你连一次也没有活完吧？’‘噢。’

白猫只说了这么一声。

“有一天，虎斑猫在白猫的面前连翻了三个跟头，说：‘我呀，还当过马戏团的猫呢。’‘噢。’白猫只说了这么一声。‘我呀，死过100万次……’说到一半的时候，它问白猫：‘我可以待在你身边吗？’‘行呀。’白猫说。就这样，它一直待在了白猫的身边。

“白猫生了好多可爱的小猫。虎斑猫再也不说‘我呀，我死过100万次……’了。它喜欢白猫和小猫们，胜过喜欢自己。

“小猫们很快就长大了，一个个走掉了。白猫慢慢地老了，嗓子眼儿里发出了温柔的‘咕噜咕噜’声。虎斑猫对白猫更温柔了，嗓子眼儿里也发出了‘咕噜咕噜’声。它多想和白猫永远地一起活下去呀！

“有一天，白猫在虎斑猫的身边静静地不动了。虎斑猫抱着白猫，流下了大滴大滴的眼泪，它头一次哭了。从晚上哭到早上，又从早上哭到晚上，哭啊哭啊，它哭了有100万次。一天中午，它的哭声停止了。它静静地、一动不动地躺在了白猫的身边。

“这一次，它再也没有活过来。”

（二）

“那只猫的故事，听到最后，竟然流泪了。”人群散去后，坐在书屋的咖啡间里，我对M说。

“这不奇怪。”M像个神秘的吉卜赛人，“你不是第一个流泪的，也不会是最后一个。因为，我，也哭过。”

“好好笑噢。”眼泪，就像裸露的身体，不能细谈，否则就会尴尬。我只好故作轻松。

“这个故事打动过很多人，它不按常理出牌，像神来之笔。有人专门问作者佐野洋子，怎么构思这个故事的？佐野洋子说，我也不知道，就是三十多岁时有一天突然想到了。佐野洋子画了十几本绘本，这本《活了100万次的猫》反响最大也最久，这大概是她没有预料到的。”

“很多好作品，就像是上帝借一个人的手完成的。这个故事真的很奇妙。它让我流泪，让我震惊，让我回味。如果像你说的，它让许多人都有这样的感觉，那么，它的了不起还在于，它用一种看似十分浅显的方式，说出了许多人最深沉的秘密。我想，很多人都在这只虎斑猫身上找到了自己的影子：一个自恋的、活得不耐烦的、自以为是却又空虚焦躁的生物，这样活了100万次又有什么意思？第101万次，它终于有了比喜欢自己还要多的白猫和小猫，也终于死了。结局干脆利落，死得好。整个故事最妙的就是猫最后死了。因为它爱过了，活过了，不需要永生了。空洞的永生才是最可怕的惩罚。”

“你我都是自恋的人，”M说，“这么多自恋的人能被这么一个小故事打动，可见，自恋只是防御的假象。人其实是渴望主动去爱的，而不仅仅是高傲被动的‘被爱’。这颠覆我对人心的偏见，也颠覆了我对自己的认识。你知道我以前的恋爱宣言——‘不爱我的我不爱’。”

“嗯，我记得，你那时是骄傲的美少女，是多少男生眼里的女神——这么说来，还真和那只漂亮的虎斑猫很像呢，很扬扬自得吧！”我笑。

“嗯哼，作为骄傲的美少女，最要紧的事就是被人爱着和宠着啊，我还可以任性地利用和挥霍别人对我的好感。”M说，“可是，这一切并没有我想象得那么有意思。直到有一天，我看见某个前男友对他的妻子呵护备至，我猛然发现，他的付出和温柔，并不仅仅是针对我，他就是有能力对他在乎的人那么好。可是我呢，我看似拥有很多爱，却没有爱任何一个人的能力，我只是在不断地索求，一旦别人的爱停止了，我就抓狂了。我倒腾来倒腾去，心就像沙漠里的浮尘，无处安生。直到又有一天，我发现我不知不觉地爱上了一个人，可是自恋傲慢的我，根本不愿意承认这一点，也不知道如何对他好，我当时想的就是，我怎么能这么卑微地爱一个人呢？这不是我的个性。我就这样错过了他。过了好几年以后，我才发现我的感情，我爱那个人，并不比爱我自己少。可我不如那只猫勇敢。最重要的是，我明白了那种感觉：能够自由地、诚实地去爱，才是活着。爱过，比被爱过，更刻骨铭心。”

（三）

“这个小故事有关自恋和爱，也有关生和死，它让我想到我的催眠体验，也是和生与死有关。”我说。

“什么?！你去做过催眠？”M很感兴趣。

“是的，我想通过催眠找到我恐惧的根源。催眠的线索告诉我，我是害怕死亡，可是‘死’和‘生’是一体两面、不可分割的，我怕‘死’，是因为我讨厌‘生’，我怕我死了以后还是这样活着，这样无止境地轮回。活了100万次的猫，这个隐喻是太好了。所有活得浑浑噩噩的人，都会觉得自己活了100万年了吧，而且是永无尽头的吧。那只猫，没有真正活过，才会轻慢生命，才会玩世不恭。死不死对它没区别，每一世对它都是一样的。”

“天啊。我不知道你还有这样的体验。可是你说的，我能懂。”

“这只猫很自恋。极端自恋的人，表面看起来，活得很风光、很有优越感、别人都围着自己转，可是他们也很孤独惶恐。这样的自恋，就是‘纸老虎’，是用来掩饰他们的虚弱与荒凉的。自恋的人都以为自己很独特，都很强烈地追求‘不一样’，有些人也的确有一些不错的外在条件：漂亮、英俊、优秀、有才华……他们因为这些条件获得了瞩目和羡慕，也渐渐成了这些条件的俘虏，以为是这些‘条件’构筑了他们的存在。他们害怕，这些

‘条件’一旦消失，他们也会消失，也就没有人爱他们。他们没有实体，不敢与他人建立真正的关系，他们常常若即若离，常常考验别人的真诚程度，更不要说去付出了，也就是你说的，更不敢去自由地爱了。”

“你这么说，倒是解释了一些现象：为什么很多帅哥和美女，看起来气场很强的，另一半却常常是普通不起眼的男女。其实，我在想，普通男女才是在这场关系里更强大的，他们愿意付出，愿意‘做陪衬’，愿意去滋养对方的自恋，他们能够去接纳‘外在条件’下的那个真实的不完美的人，他们能够给予对方安全感。他们无须刻意彰显特立独行，但他们就是有接纳和付出的能量。而这些，恰恰是自恋的人需要的。”

“这是一种情景。自恋的人，表现有许多种。能放下自恋的人，凤毛麟角。然而自恋程度不一样，呈现出来的状态也很不一样。我想，自恋……就像膨胀的肿瘤，会堵塞一个人和外界的联结通道，使他们活在自己的小世界里，看不见真实的别人，也看不见真实的世界。他们看到的一切，都是自己那个封闭狭小的空间折射出来的影像。”

“我们常说的，活在自己的世界里。”

“是的，很多人都说过这句话。你有没有感觉到，当我们说这句话时，伴随着一种‘众人皆醉我独醒’的优越感：我的世界，你们不懂，谁也不懂；这其实也有另一层含义：我的世界最安全、最可控，外面的其他，我不了解，我觉得不安全、不可控，我想排斥掉、消灭掉。”

（四）

“你让我想到，为什么当‘爱’发生时，很多人会排斥，会否定，会惊恐不安了。被爱和爱是两个不同的动作，当我被动地等着爱时，心还是封闭的、僵硬的，我安全但我仍然感到空洞；当我主动地去爱时，心是敞开的、流动的，但这样的敞开带来危险的感觉。真正地去爱，就是在突破原有的‘自己的世界’。这也是为什么，真正地去爱，是勇敢的人才有的行为。”

“是啊，真爱就是让人走出‘小我’的世界，自然体会到那只虎斑猫有的感觉：比爱自己更爱另一个人。可这也是最艰难的一步。对自恋的人来说，承认爱别人比爱自己还多，是一件破天荒的事。很多人不能接受，会抵触，然后又把那被爱冲开的心灵之门封锁住，会患得患失，会斤斤计较，会不敢投入。当爱发生时，如果向前一步去拥抱，这是一个放下自恋的机遇；如果因爱引发了‘失去’的恐惧，就反而会退缩到更深的自恋中去，他要防卫。”

“啊，我有几次恋爱，就是这种状态。我谈恋爱，对男朋友有一个最核心的要求：听我的话，按照我想的我说的来。如果他们不顺从，不合我意，我就觉得他们不爱我。我并不知道也不在乎对方的需求是什么。现在想来，我并没有真正‘看见’我的恋爱对象。”

“这不是你的问题，这是很多爱情关系都有的问题。爱情让人‘盲目’，说的就是这样，很多人，爱上的都是一个理想中的人，而不是那个真实的人。我们并没有‘看见’对方，我们只是在‘想象’对方。而一旦对方展现出真实模样，我们就受不了，我们就要进行改造，改造不成又气急败坏。我们最在乎的还是自己的感受，我们感到受伤了，受骗了，却没想过对方的真实需求是什么，我们也常常按我们的设想去给予对方，以为付出了许多，但并不是对方需要的。这就是无处不在的自恋。所以，许多表面轰轰烈烈的恋爱，还是发生在两个自恋的人之间，最后刀光剑影、一地鸡毛、毫无美感——这中间并没有‘爱’，爱不会把两个人弄得如此丑陋不堪。人们常说的‘爱情’离‘爱’却最遥远，这也是人类的奇观之一。因为没有‘爱’，这样的关系令人疲倦、仇恨甚至厌世。可一旦体会过‘爱’，他就像那只虎斑猫一样，只会觉得活着充满了动力和意义，怎么会走向相反呢？——让人疲倦、仇恨和厌世的，那不是爱，那是自恋。”

“你说得对，观察一段深入而持久的关系，人世间所谓的神仙眷侣，一定是伴随着爱与接纳的。我甚至觉得，爱就等同于接纳，因为接纳就意味着‘看见’了。接纳，来自一颗温柔、敞开又明亮的心，能洞悉对方的疾苦。你不需要对方变得更好更完美，你就是爱着他。这样的爱是专注的，是此时此刻的，是不畏惧未来的。因为没有什么能剥夺它，它是流动的心泉里开出的花，只要存在过，就是对生命的加持和馈赠。一旦体验到它，那种‘活着’的感觉就会十分鲜明，而且十分喜悦。”

“看来你体验到了。”

“是的，我体验到了。只要想到有这么一个人在世上，我就觉得世上有光，我就想好好活着。我发现，在爱情中体验这种爱，反而是艰难的，因为爱情里充满了强烈的妒忌。在亲情里或别的情感里，更容易找到。最明显的，是父母对新生儿的投入。父母全心全意地爱着刚出生的婴儿，没有条件，全然接纳，愿意付出所有，而且充满喜悦。”

（五）

我说：“活了100万次的猫，击中了我最近一个最强烈的感觉：爱让心灵开放而流动，这太重要了，这就是内心小世界与外界的具体联结。没有这条联结，那个自我的小世界很容易顾影自怜、草木皆兵，在想象的空间里和自己作战，最后陷入深渊或癫狂。”

“前段时间你说很抑郁，生病了，我还很担心。今天听你这么说，你好像想通了很多东西。”

“当一个人真的觉得抑郁、生无可恋时，别人怎么劝，什么看开点啊、别想太多，都是没用的，我亲身经历过。因为一个人所恐惧、焦虑与担忧的，都不是现实中的状况，而是他内心的处境；这些情绪只是内心冲突这棵大树上长出的叶子，你摘掉一片叶子，还会长出更多叶子。一个人如果困于自我的世界，内心冲突只会越来越激烈。就像一个人在一间全是镜子的房间，四面八方照出的都是自己抑郁或惊恐的脸，抑郁和惊恐被放大了100倍。打破封闭，走出自恋，就会看到更多的景象；当与外界的联结产生时，内心的冲突就会被疏导。”

“难怪罗素的告诫之一是不要过分沉溺于内心世界。他也是一个天生自省精神很强的人，五岁的时候就想到人生没什么意义，活得太长了，难以忍受，恨不得结束生命。还好，他在对这个外部世界的无穷探索中又焕发了新生。学数学，学哲学，谈了无数次恋爱，参加过无数次社会活动，推动和见证了历史的波澜，最后活了快一百岁，真是长命又滋润，再也没想过自杀。

“他把内省与外部探索很好地结合起来了，他内心丰富、思维敏锐，又与外界有很充沛的联结，所以即使他内心深处偶尔有虚无悲观的幽灵拉他下坠，他也有足够的力量平衡地行走在这个星球之上。”

（六）

“可是很多人都认定，敞开去爱就是给了别人伤害自己的权利。”M说。

“你认为呢？”我问她。

“我以前也是这么想的。这可真是矛盾呀，爱会带来伤害，不去爱又如同行尸走肉。可我现在觉得，一个人会和他人有多段关系，关系有开始有结束，但爱不会因为关系的结束而结束。爱会转移，会变化，但不会终结。爱也不会因为偶尔的伤害而受到减损。对他人和世界敞开，形成联结，是活着的需要，也是活着的本能。可是，如果这种本能遭到太多或太严重的拒绝，就会自我保护封闭起来。”

“你刚刚说过，能够去爱，是勇敢的行为。可是勇敢来自什么？来自知足与自信。内心充裕富足的人，更勇敢。有过匮乏和被伤害的经历，则更容易导致自我封闭和退却。这就是孤独的真相：不是不想要，而是不敢要。我曾以孤独为傲，认为自己特立独行，和芸芸众生都不一样，可是最近我意识到，我的孤独源于恐惧，恐惧被拒绝，恐惧不被爱，恐惧得不到，有了孤僻做借口，就可以心安理得地不付出，跟周围划清界限，就成了‘独立’的人。我的孤独其实也是软弱。”

“写了《与神对话》的那个人说，人类的所有行为，在其最深的层面都是由两种情绪推动的，要么是恐惧，要么是爱。爱的另一端不是恨，而是恐惧。”

“恐惧……大概是我前三十年最核心的体验。以前我不相信爱，现在我相信了。我正在重新爱上这个世界。对我来说，爱也是生与死的分界线。爱让我长出血肉，不再是僵尸，不再处于永恒的地狱之中，我不再恐惧，我渐渐有了生命的气息，然后我可以饱满地活着，饱满地死去——真正地死去，不再需要下一个100万年。没完没了地活下去，简直可怕。”

“什么僵尸，什么地狱？”M迷惑了。

“噢，没什么。那是我的一个秘密。”我对她神秘地一笑。

修炼成人

2014年10月

S，我七年未见的大学室友

S毕业后出国继续念书，这时刚刚回国。她约我见面，在她暂居的一家民宿，有一个小小的院落，我们在院子里的大树下喝茶。

（一）

“你变了。”S看着我说。

“这真是好事。”我迎着S的目光，“一个人如果还停留在七年前，岂不悲哀？你也变了，我真高兴。这七年，我脑子里的变化比外表的变化要大得多，回顾过去，简直是两个人了——我该庆幸，我脑细胞的分裂更新速度并不比青春期的少年慢。”

S啜着茶，说：“还记得当年我们几个在宿舍卧谈，想象着毕业五年后的场景，那时候多青涩，还不到二十岁吧，都觉得毕业五年是多遥远的事情啊，我们或许都儿女成群了，一想到这儿，都不敢往下想了——都成老阿姨了，那时候以为二十五岁以后就是老阿姨了。现在呢，我们早过了二十五岁了，结婚的，单身的，有娃的，没娃的，占全了。”

“世事难料。你当年是个‘结婚狂’，却至今单身；我当年夸下海口说要做中国的波伏娃，却早早进了围城，而且还是和高中同学结婚，没有一点儿想象力。”

“哈哈！”S大笑，“我早就觉得你‘有贼心没贼胆’了，虽然吧，你经常语出惊人，也爱搞特立独行，但在关键时刻还是会露出瞻前顾后的本色。”

“原来早被你看穿了。”我笑，“原来人果然是最不了解自己的。我最近几年，花了好多时间才渐渐看清楚自己言行的一些来由，简直是，发现一个陌生人一样。当我发现人居然是由完全不知道的潜意识推着往前走、做出重大选择，我震惊了：这不是和梦游一样吗？”

“所以说人生如梦、醉生梦死呀。”

“别开玩笑，我是认真的呢。我还有一半没说完。如果我们能看见引发我们情绪和行为的动因，这梦游就醒了一大半了，这并不是不可改变的。”

“发现源头后，会痛苦吗？”S的脸色有点忧伤，似乎想起什么。

“会痛苦。但是接纳了以后，就不会痛苦了。”

“怎么说？”

“就拿我来说，我其实是一个内心冲突十分严重的人。在一些重大的事情上，我心里总是有两种截然不同的声音在争吵，我不知道自己想要什么。为了给自己鼓劲，我就表现得很果断很理智很有气势。可是，由于我并不了解自己的心，我只是慌乱地做了选择，然后又用口号来掩饰我的不确定。时间长了，终于造成了意识与潜意识的巨大分裂，以至于我做大量的梦，几乎每天都在梦里挣扎，那个分裂的灵魂总在寻找出路。”

“噢，我以前听一个教授说过，夜里梦的数量，和白天对自己的忠诚程度，成反比。”

“这个教授说得对。有时候想想，灵魂真是不屈不挠，无论我们怎么压抑，她总要想办法让我们看见。就比如我对婚姻的态度，一方面我很推崇像波伏娃、简·奥斯汀、狄金森这些女人，一辈子不结婚，酷毙了；另一方面我自己倒是很早结婚了，尽管有严重的恐婚反应。我后来想，哪个更贴近真实的我呢？和想法比起来，到底还是行为更忠实一些吧。可是，我还是有很长一段时间不能接受这个走进婚姻的自己，我觉得我背叛了我的‘初心’。我就这样做着A的行为，又觉得-A才是我该做的。我并没有勇气去面对这个事实：为什么我做了A的行为？为什么我在摇摆不定中还是做了A的行为？”

（二）

“所以呢？为什么呢？”S很感兴趣。

“直到有一天，有个人对我说，你的潜意识很聪明，你非常渴望稳定的安全感，于是你选择了一个像大树一样扎根于现实的男人。我听着这句话，当时并不以为然，一个星期后却豁然开朗：我原来是这样的我！你知道王小波说过一句话，‘人的一切痛苦，本质都是源于对自己无能的愤怒’。人的痛苦当然不是这样一句话能总结的，可是，人活着最艰难的一个挑战，确实是直面自己的无能，或者说直面自己的局限，尤其是和‘理想’冲突剧烈的局限。”我停了一会儿，问S，“你理想中的人生是什么样的？”

S用手托腮，想了想说：“我从小就是个乖乖女，我以前最羡慕的就是岁月静好、家庭幸福的女人。”

我说：“我‘理想’中的人生，就是像老庄那样，遗世独立，不依赖外物，逍遥自在。我以为，一切伟大的灵魂都是不屑于儿女情长、红尘痴缠的，这太浪费生命了。可是——”我顿了一下，“有一天我不得不承认，我偏偏是我认识的所有人当中，最依赖他人的人。我无法一个人生活，当我从噩梦中醒来时，一切头脑中的理论，类似于‘女人当自强’‘独居是桀骜不驯和充实自足的表现’，全部粉碎了，我只是个溺水的人，存留着一个最原始的愿望：有人能握住我的手，拉我回来，给我一点儿温暖。”

“如果你不说，我完全不知道你有这么脆弱的一面。”S有些吃惊，“毕竟，你平常看起来太冷静了，似乎什么都不怕。大学时你比谁都胆大。”

“这也是我极力想否认的。我怎么能成为我的‘理想’的反面呢？我看了许多书，我做了许多努力，还是没有用。我想不通。我觉得我失败透顶。最后，有一次在黑夜的战栗中，我终于忍不住了，我放弃了抵抗，我对自己说：是的，这就是我。虚弱的我。我就是被恐惧的狂风吹得七零八落的碎片，我需要一双有力的大手把我紧紧地箍住。我无奈地放下了我那顽固的理想。在意识的黑暗中，我撒开了紧绷的拳头和僵硬的身体，任自己自由落体下去。然而，下落过程中，有那么一瞬间，我解脱了。我看见了无限的宇宙之光，而我只是这光谱中的一线。‘上帝创造了所有灵魂，我只选择其中之一’，这句诗砸中了我。”我似乎又回到了那一瞬间的灵光之中，平静地说下去，“是啊，这世界有庄子，有奥斯汀，有法拉奇，有那些我渴望成为的独立果敢的人，他们是很了不起，可那终究不是‘我’。什么是‘我’？我的感觉才是‘我’。否认了我的感觉，‘我’也就不存在了。我的感觉是‘我’唯一真实可靠的东西，是‘我’之所以为‘我’的唯一证据。头脑中建构的理想，尽管那么完美，可对‘我’来说，那是他者，是理论，理论永远不能将‘我’的感觉取而代之。”

S听得有些出神，不太相信地说：“就这样接纳，就解脱了？

这么简单？莫非追求成为一个更理想的人，也是错的？”

“接纳，并不容易——不抱多余的期望，不是等到变得‘更好’了再做决定，而是当下的决定和行为：仅仅去接纳就够了。”我说，“既然感觉是‘我’活着的唯一证据，我为什么还要对它进行鞭挞呢？我为什么不安静地看着它来又去呢？如果我所有的力气都用来抵御它，它从来没有自然地发生过，我又怎么知道后来会发生什么呢？”

（三）

“后面发生了什么呢？”S紧追不舍。

“没有什么特别的奇迹，我并没有变成一个无所不能的人。”我说，“只是我不再对一个精神偶像或一个理想的概念孜孜以求，我回到我自己身上来：噢，我原来是这样的。我感到害怕，我感到脆弱，我感到无助——这都是我；这样的我，需要温暖，需要依靠，需要关注和陪伴——这也都是我。噢，我懂了，为什么我不能成为庄子那样‘御风前行’的人？因为，我就是我，我不是庄子，我不是任何一个其他人。我不够‘理想’，但我这个与‘理想’不同的‘存在’，已经高于一切。我没有批判，没有羞耻，没有想要逃避。我只是诚实地体会着我的感觉，就有了前所未有的释然和谅解——对自己的释然和谅解。”

“所以你可以接受这个不那么勇敢、不那么独立的自己？”

“‘不勇敢’‘不独立’？”我笑了一下，摇了摇头，“我现在都不觉得自己是‘不勇敢’‘不独立’的。没有经历过恐惧的勇敢，和不敢依赖他人的独立，都是虚妄的，那只是我幻想出来的。在我接纳的那一刻，我是勇敢的，而且我没有臣服于头脑中的偶像和他人的评论，我也是独立的。我们对形容词的误解，太多了。”

“唔。”S若有所思地前倾着身体。过了一会儿，她说：“这听起来像是一只幻想自己是大灰狼的兔子，终于接受自己是兔子的故事。”

我说：“我再回头看我走过的路，曾经令我迷惑拧巴的，竟一切了然了：噢，这样的我，就是会走一条这样的路啊。无论表面看起来我如何折腾，内在逻辑是不会变的。我是一个渴望爱和世俗生活的人，无论我多么想超凡脱俗，多么渴望肆意潇洒，这就不是我此生的功课，至少不是现在的——那或许是别人的，可不是我的。我最大的功课，就是在早年经历创伤和惶恐后，仍然学习信任和爱。所以，我做的许多选择，都是在这个内在逻辑下不知不觉完成的。我没有成为一个独居的锐利女人，我抓住身边的‘安全’与‘温暖’，甚至来不及识别这是不是真的‘安全’与‘温暖’，我在自我否定中反反复复，我在‘恐婚’中结婚，我害怕生孩子，却又无法说服自己真的丁克。”

“亲爱的，”S看着我，“你真的和过去不一样了。我还记得大学时，你慷慨激昂地在讲台上说，独立自主才是一个女人最好的归宿。那时候你说的，我听了也很爽快，可今天你说的，让我更触动。如今我走了大半个地球，越来越觉得，风景或许不同，但人心还是一样的。自省让我们发现我们并不了解的自己，让我们不那么粗暴鲁莽。”

“我现在仍然不认为婚姻是必需品，我只是知道了我为什么会这么做。我们每个人，都站在生命层次的不同阶梯之上，虽然我们做的事情看起来差不多，但内心的需求和能量是完全不同的，无法硬生生地跳跃。对这个‘我’来说，我或许就是要在寻找温暖的过程中，来形成自我认可和自爱，哪怕在这个过程中我可能会犯错，会糊涂，会受伤，但它是我绕不过的河流，我不渡过，就会一直停留在这里。”

（四）

“我们七〇四宿舍里结婚比你晚几年的，都有孩子了，你现在还是不敢生孩子吗？”S问我。

“想想真是奇妙，生育这个拷问曾让我无比痛苦，可我现在却感谢它把我推到了不能逃避的风口上来，我感谢我自己没有敷衍了事。如果不是在生孩子这件事上这么刨根问底，我可能仍然看不清真实的我。”我望着院子里的树，说，“我现在不那么怕生孩子了。不仅仅是生孩子这件事，我害怕的事越来越少了。我以前觉得这个世界充满了危险，现在却有一种莫名的信心，好像前方无论有什么，我都可以走过去；我以前觉得活着就是受苦，现在也没那么强烈了。”

“我有点儿困惑，这一切是怎么发生的？”

“我也不知道是什么时候开始的，大概是接纳我自己的感受时，我就沉静下来了，我可以接受一切。”我说，“我清清楚楚地看见了我正在做的事，和我未来会做的事：不再游离于世俗之外，不再害怕烟火味，而是全身心地投入生活，踏实地完成一个普通人的旅程：爱自己，爱人，被爱，感受这其中的丰厚与重量，做一个‘人’该做的，而不是否定和摒除人性、追求彻底的遗世独立——这是不可能做到的，所以我才会一直煎熬在矛盾之中。如果以前的我是活在梦游之中，不知道自己要往何处去，现在的我，看得很清楚。”

“我记得你对人性一直有批判，有一次我们做辩论模拟赛，你毫不犹豫地选了‘人性本恶’的辩题。”

“是的，我那时太讨厌人性了，我讨厌人性中的愚昧、恶毒和怯懦：那些残忍的伤害，那些对美的摧毁，那些平庸的恶。我觉得人这个品种，太不完美了，连人与人之间的爱情关系和亲子关系，也充满了无知与绞杀。以前的我，真的很讨厌做一个人。我讨厌活在这具臭皮囊里，我讨厌受到生物本能的限制与指令，我讨厌软弱，我讨厌去依赖他人，我讨厌我需要另一个不完美的人。我讨厌对这个千疮百孔的人类社会还有所渴望。我希望抽离出来，我不想成为其中普通的一员，我希望我活得理性、正确、超然。”我低下眉来说，“我以为隔离人性、隔离关系，会让我活得更高级、更清醒、更洁净，可是，后来我终于明白，这样的我，已经提前死了。因为人活着的最大特点，就是具有人的情感和人的关系，无论这些感情与欲望看起来多么可笑。既然‘我’落在了人的身体里，既然我生而为人，我就要学习做人的本分——现在，在我看来，做人的本分，就是有所恋，有所爱。恋与爱，是昏暗人性中生生不息的光。”

“恋与爱，不正如你说的，充满了无知吗？人知道什么是爱吗？”

“我说的恋与爱，是对人世基本的热情，是对自己和他人基本的慈悲。有了这基本的人性，才有面对现实仍不怠惰的动力，才有等待希望的耐心，才不至于因为极度的悲观与失望，干脆变成魔鬼，毁灭眼前的一切。人性里的魔鬼，从来就没有消失过。”我说，“至于恋爱关系，实在无法一概而论。每个人所在的生命层次不一样，内心能量不一样，人生课题也不一样。有的人在情欲中毫无自我，泛滥无节制，只是白白让自己和他人受苦，这些人最要学习的是觉醒和智慧。而我知道，我是要学习融化隔离与封闭，让冻结的情感流动起来，去接纳鲜活的七情六欲。有一次我看《青蛇》，最打动我的一个细节，是白蛇为情所伤，独自流泪，青蛇看见了眼泪，十分好奇，问，这是什么？我为什么哭不出来？白蛇说：‘你修炼未够，是不懂哭的。’是的，感情也是需要修炼的，它并不比理智低级。接纳感情并不代表理性的崩塌。情感与理智，都是人身为万物之灵的特权，是珍贵的人性所独有的。对我来说，我知道了此生宿命：不是修炼成神仙，不是从此不问红尘，而是修炼成一个完整的人，感受做人的一切。”

S听了我说的，神情杳然地说：“唐朝人卢照邻早说了，愿作鸳鸯不羡仙。如果真有神，他洞悉一切，自给自足，也会无聊孤独吧。他也会觊觎人世间的多情缠绵吧，哪怕这中间有许多错误与分离。有时候我想，人与人之间太不公平，样貌、身材、智商、能力，高低差异很大，可似乎有一样东西是平等的，就是感情，一个人并不因为他的平凡而感受不到别人对他的感情，以及他对别人的感情。感情这样东西，太普通，可越是普通的，也越容易被聪明人误读和忽视。”

“聪明的人，喜欢深刻和与众不同的东西。我如今体会到，没有深情就没有真正的深刻。因为没有深情，就不会有真正的了解。我以前说很多道理，但内心仍然是刀光剑影、杀机重重。”我说，“直到我看见我的来龙去脉，才明白我的问题并不罕见，我不过是人性规律的一部分。连尼采都是如此，完全理智的道理只能让人癫狂，而与他人的联结与关系，才能治愈人心。这多么普通，多么‘不深刻’，可是又多么温暖而深情。懂得深情的人，才知道这最后一步的深刻。”

（五）

S的眼眶竟然红起来：“我……在读博士时，喜欢上了一个女同学，可我一直逃避和否认，好几年了，我都没走出来，我谁也没说过，我太难过了，我觉得我随时可能心碎而死。”

我内心一震，从来不知道她这个秘密。可我神情并无异常，我知道我的平静才是对她的坦然最好的尊重。我对S说：“这不是你的错。试着接纳你自己吧。”

S问：“你说，如果真有神，神怎么看我们人类呢？是悲剧英雄，还是跳梁小丑？”

我像是回答我自己：“不管神怎么看我，我现在并不企望神的世界。我觉得做人也有做人的意思。‘我’感受着活着，笑也好，哭也好；喜悦也好，感动也好；焦虑也好，宁静也好；卑鄙也好，高尚也好……这都是组成‘我’的东西。喜马拉雅山的一片雪，融化到江河中，到了海洋，又升上空中，形成云朵，再变成雨雪——它从来没有停止过经历、变化和流动。人同此雪，神在其中。我并不比神卑微和渺小。如果真有神，那么，神是我的一部分，我也是神的一部分。陀思妥耶夫斯基说，上帝与魔鬼的战争，在人心——我们就是这样的矛盾体。”

第3辑 初为人母

潜回童年的“两栖动物”

2015年1月

W，我的表姐

我回到家乡T城，正是一年中最冷的时候，天空中飘着小雪。我与表姐W在沙发上蜷着身子，围在电炉旁边——南方没有暖气。

（一）

“家里有几年没有下雪了吧。”我说，我并不是每年冬天都回来。

“嗯，有几次是雨夹雪，雪粒子，这样的飘雪是有几年没看见过了。”W说。

“这天真是冷得要命！”我缩着脖子，搓着手。“这样的冷我快不适应了，但是，这样的冷又把我拉回小时候——不知怎么回事，我最近总想起小时候。小时候我们都在外婆家，也是冬天，那时候我们烤的是红红的炭火，木炭在铁盆里噼里啪啦地烧着，那真暖和呀，或者，因为是小孩，所以并不怕冷。”

“小时候T城的雪下得多大呀，铺在地上，厚厚的一层，踩下去，快到膝盖！今年的雪，也就是撒点白糖吧。”W说起来，对过去有点儿不敢相信的样子。

“哎呀！”我的记忆里忽地闪出一个场景，“还记得外婆家二楼的那个大平台吧！下大雪的时候，那里美极了！有一个下雪的晚上，我偷偷跑到平台上，你们都不知道，我蹲在那里看着。夜是黑的，雪是白的，那时候没有霓虹灯和车声，一切都安静极了，我听着雪花落下来的声音，是真的有声音——我后来再也没有听见过了。我虽然还是个小小孩，但心情是古老的，有些快乐，又有些惆怅，好像看见了自然中冥冥不可说的力量。我就在那里蹲着，不愿意离开，天地间只有我一人，我第一次知道‘寂静’，我有些敬畏，也有些感动，像个原始人，在那痴痴地望着，那落雪的间隙中，深不可测，有我不知道的过去和未来。”

“那是哪一年？”

“我读学前班的时候，我五岁，那你应该就是十岁的样子。”我回忆着，“你那时候读小学了，常常带着我玩。下雪后第二天早上醒来，屋檐下结了一串串的冰柱，被太阳一照，发出亮晶晶的光，直晃我的眼睛，你还用晾衣棍把冰柱敲下来给我吃。”我沉醉在童年的银色世界里。

“噢，我记得呢！冰柱其实一点儿味也没有，我们尝几口扔掉了，但过一会儿又敲下来尝。”受我的感染，W的眼里也开始闪着旧日的光影。

（二）

“我大一点儿以后，也还是你的跟屁虫。”我说，“我读小学了，你正好进中学。我记得有一次，你和你同学约了吃夜宵，把我也带去了。我和你们一起站在一个新疆人的烧烤摊前，看他熟练地把一大把羊肉串翻来覆去地烤，肉串上滋滋地冒油，他又刷上一层层的调料——这个新疆人入乡随俗，还撒了我们当地的辣椒粉。我第一次看见烤串，很新鲜，看得眼睛都直了。羊肉烤好以后，你分给我两串，我紧紧地握着，烤串上的热传到手心，我心里也踏踏实实的。我抬头看着你和同学热热闹闹地聊天，好像很喜欢这种似懂非懂的感觉，周围人声嘈杂，烟火味儿十足，没人特别注意我这个懵懵懂懂的丫头，一切都有杂而不乱的归宿，似乎从盘古开天地以来就是这样了，我感到安心。你们比我高很多，是青春年少的俊男美女，让我觉得长大是很浪漫绮丽的一件事。”

“亏你这个小娃娃记得这么多！”W的话有些伤感意味，“我那时候也是小屁孩呢，正是不知愁的年纪，为了芝麻大的小事哭哭笑笑、吵吵闹闹——啊，谁想得到我们会活到这么‘老’呢？连你这个跟屁虫也这么大了。那毕竟是二十多年前了！我那时还真不知道你的小脑袋瓜里装了这么多东西，你总是很安静，不说话，我同学都说你是胖胖的瓷娃娃。”

“我小时候一直就是慢半拍呀。”我笑，“一直就不是很灵活的小孩，笨笨的，胆子又小。我有一次看见你同学，一个特别好看的女孩，在我眼里像个仙女一样，一颦一笑都让我着迷。我就望着她，魔怔了，直到那女孩‘呀’的一声，说‘这孩子怎么老是盯着我看啊’，我才醒过来。”

“哈哈哈！”W也被逗笑了，“不过，你小学读了几年之后，突然开窍了，一下子成了我们家里读书最厉害的小孩！再也不是那个小傻瓜咯！”

“我只是成绩好，其他的还是一概很懵懂呢，连骄傲都不会。不知道成绩好有什么特别的。有一次放学在路上，听见一个大人对她的孩子说：‘听说你们班上有个考了双百分的小孩呀，真了不起呀！’我就在心里想，我就是那个考了双百分的啊，可这有什么大惊小怪的呢！我还是我啊，我还是惆怅地每天背着书包上学放学啊。一切都没有什么改变啊。”

（三）

“啊，你倒提醒我了！”W忽然轻轻地喊了一声，从沙发上跳下来。“前几个月收拾外婆的老屋子，找到一张我们小时候的合影，我拿来给你看。”

照片拿来，已经忘记是谁拍的了，抓拍得很好：我和W刚刚睡醒，还穿着睡衣睡裤，站在天台的一排丝瓜架前，她搂着我的肩，露齿大笑，我则微微皱眉，目光茫然。这正好是我五岁、W十岁的时候。

我仔细看着相片里的那个小孩——我的过去，与“她”的目光对触，恍然间，好像有种神秘的直觉——“她”能看见我。我的心怦怦地乱跳。

我对W说：“最近我总在梦里回到过去，它们那么生动，以至于我以为我只用了穿过一扇门的时间，就走到了今天。”

我又说：“据说，对四维动物来说，时间不是线性不可逆的，而是可以像爬山一样穿越过去和未来，我觉得我就可以爬到过去，‘过去’与‘现在’同时存在着。这些日子我躺在床上，在黑暗里，我好像可以穿过某个狭隘的关口，重新潜回到我很小很小的时候，也许是刚刚会说话的时候。”我仿佛走进一个梦里，喃喃地说，“我会回到小时候的屋子，我就像生活在一个气泡里，与外界隔着一层透明的雾，一切光线是柔和而明亮的。老屋子里有一幅画，我常常盯着它看，它给我一种奇异的感觉。画里有一个神仙，留着长长的白胡子，穿着宽大飘逸的袍子，从云中飞过来，就快要飞出画面。他的身后是温柔的青天和白云，随后还隐隐看到几个从空虚的‘无’中生出来的人影。我那时总以为所有的大人都是从云中走出来的。外婆、大姨、小姨就坐在另外的屋子里，我跑过去看看她们，又跑过去看看画，她们从果盘里选糖果给我吃，她们都像画里的神仙那么温柔又神气。——那真是一个酣梦。”

W听着我的喃喃，也有点醉了，说：“所有人的早期记忆，都是这样一个混沌的酣梦吧。”

我问她：“你最早的记忆是什么？”

W双手抱腿，把头放在膝盖上，一边思忖一边说：“可能是个春天，因为嗅觉里有春天花草的味道，有柳絮在空中飞，我伏在妈妈的肩上，一颤一颤的，不知道在哪里，也不知道是什么时候，总之——是很光洁美好的片段。”

我说：“我有个印象，大约两三岁，我跟着父母去外面吃饭，后来枕在他们的腿上打盹，迷迷糊糊中，我就像一条鱼卧在水里，大人们的声音就从岸上缓慢地飘过来，带着微微波浪的起伏，摇摇晃晃的，我听着听着，就睡着了。”

（四）

我站起来走到窗前看了一下，雪下得更大了一些。

我继续说：“奇怪，最近怎么在哪儿都能看到很多小孩，商城里、小区里、公交车上——是小孩越来越多了吗？”

“小孩不会突然变多，是你的注意力发生变化吧，你是不是准备生孩子了？”

我说：“去年这个时候，我还很抵抗要孩子，现在，我不那么怕了。你知道，我一直不太喜欢小孩，也没有逗小孩的欲望。一只猫都更能让我多看一眼。可是，我现在却注意到他们，在我身边一个又一个——那些小孩的身体怎么会那么小！在路上，他们那小小的脑袋总是在东张西望，以至于一段短短的路也走得很慢。我越过他们，就像一个巨人走过森林里的蘑菇群一样。我越来越注意到小孩子隐藏的‘王国’。他们的身材、神情、声音、动作，都在向我揭示：他们来自一个遥远的原始的国度，和我们大人已经熟悉的这个世界是完全不一样的。那遥远的地方，也曾是我的‘过去’。”

“小孩的感官体验当然和大人很不一样。他们是在‘感觉’这个世界，主观、夸张、不准确、不客观，但这就和艺术家一样，脑洞奇大。李白说，‘白发三千丈’，就是典型的小孩思维。在小孩眼里，一片微小的花瓣都有一张席子那么大。小孩理解不了许多词的意义，却会被一些细微的东西深深吸引着。仔细想想，我们回忆起小时候，不都是一些微不足道的小玩意儿？我就记得，我家有一只碗和别的不一样，别的都印着红色的小花，可它偏偏是蓝色的小花。还有，冬天搽‘香香’的盒子上，印着一个脸蛋红扑扑的妞妞，我每天都觉得她在对我笑，印象极其深刻，我现在闭上眼睛都能想起那个妞妞的模样。”

“是啊，人在幼年时期，总是沉浸在巨大的细节之中。我小时候盖的被子，被面是凉凉的、滑滑的，摸起来可舒服了，妈妈每次都把我的手收回到被子里面来，可我总忍不住伸出手去摸。我还记得，晚上在路灯下走，我和妈妈的影子一下子拉得好长，一下子又缩成一团，我吃惊极了，又发疯地笑个不停。还有，收音机老是放着一首歌‘……好像一只蝴蝶，飞到我的窗前’，我想了好久：什么时候才会有一只蝴蝶从我家的窗口飞进来呢？……”

“你不觉得，世界在大人和孩子面前，呈现出完全不同的面貌？时空，在小孩面前，是缓慢而悠长的；在大人面前，却是急促和逼仄的。”W说。

（五）

我答：“你说得对，不知不觉中，我已经做了好多年的‘大人'。我已经习惯我的生活被清晰地分割成许多块。时间要分成一块一块的，事情要分成一件一件的，'To do list'（任务清单）要在纸上清楚地列好。就像一把犀利的菜刀'噔噔噔'地飞快地切过时间这棵蔬菜，我的生活就是这样仓促而紧凑。不是没有停下来反思过，但最终总有一股力量将我再次卷入这样的节奏之中：'噔噔噔''噔噔噔'……我身边的其他大人嘛，也和我差不多。我们的前方有那么多任务、诱惑和惊险，全力以赴还不够，哪有精力和心情回头体验，回到那遥远的、原始的幼齿时代？"

W点头道："所以大人生养小孩，有一个意义就在于：你不知道自己是怎么从婴儿长大的，人在两三岁以前的记忆几乎是空白，养一个孩子，你就补上了这个空白。最不济，也能让大人重温童年视角。"

"可是，我并没有远离和抛弃我的'小时候'。"我试图让W明白，"有时候我会忽然回到过去的时光中，看见幼小的'我'。那时候呢，总不太懂大人的世界，我只是隔着一层水仰望着他们，然后继续在水里独自地游着。大人和小孩，虽然都是'人'，可又简直是不同的物种。从小孩到大人，就像从鱼类变成了爬行动物。从此生活在不同的世界里了。"

"小孩总想成为大人，大人在小孩面前总是有优越感的。因为大人都是从小孩来的，而小孩却没有经历过大人。大人占了

‘经历’的便宜，他们自以为懂小孩，自以为懂的东西比小孩多很多。”

“大人们错得不能更厉害了。”我略有些激动地说，“很多大人早就忘记了水里的感觉。他们丧失了一个孩子的感受，再也回不去了。只是最近，我不知被什么神灵或者什么恶魔点化，变成了一只‘两栖动物’，可以同时游离在大人和小孩两个截然不同的世界里。小时候的气息、印象，会在瞬间恍然笼罩着我。我能看见小人的王国，我重温了他们的秘语。这是幸运吧？虽然也有点诡异。无论如何，我有一个坚定的念头：身为大人的我，永远不能背叛过去的那个‘小人’，还有所有的‘小人’——我理解他们。”

从宇宙开端传来的心跳声

2015年5月

G，我的女友

夏日傍晚，我与女朋友G在市中心公园散步。这时，我已怀孕六个月，G怀孕八个月。

（一）

G说：“两个月前听到你怀孕的消息，我好惊喜！没想到你也怀孕了。”

我告诉她：“今年年初回老家时已经有孕了，但我自己还不知道。难怪那段时间总是注意到很多小孩子，也经常想起小时候的事，原来是已经有感应了。”

“是啊，身体和心理都会发生很多不知不觉的变化呢。你怀孕反应大吗？”

“早孕反应并不严重，只是感到胸闷，喘不过气来，对空气质量很敏感，常常要到通风开阔有树木的地方走走才行。”我说，“以前宅极了，在一个小小的屋子里可以待很久，也不觉得有什么不好，现在简直受不了：人怎么能在一个又一个的鸽笼里窝着？怀孕后，人的大自然属性立刻显现出来了——看云走，听风来，晒晒太阳，望望天空，从绿荫下慢慢路过，这样平常的事，以前并不屑于做，或者没空做，现在发觉到其中的好，其中的美，而且是得来毫不费工夫的赐予，令人心旷神怡。看见一花一草、一树一木，都有一种被神温柔眷顾的心动。”

“你现在有胎动了吧？”

“有啦。太奇妙了。最近动得很频繁呢。经常感到肚子里的活动——那个小生命在折腾。能看见肚皮的缓缓起伏，就像……一尾鱼从左边游到右边，又从右边游到左边。”

“我家的小家伙现在动得厉害，拳打脚踢，从肚皮上都能看见他小手小脚的形状。我老公看得目瞪口呆，又忍不住凑过来，跟小家伙打招呼，小家伙就像听懂了一样，和爸爸互动呢。他爸爸总是问我：胎动是什么感觉啊？我想了半天也不知道怎么形容。有时候觉得男人也很可怜呢，他们没有办法体会这样的神奇，和孩子这样的亲密无间。”G说。

“是呀，怀孕实在是很奇妙的体验，只有当了妈妈才会明白，无法为外人道。我很享受怀胎的平和与喜悦。我在人群里穿梭，悄悄感受着腹中的起伏，就像一头怀胎的母鹿，在林间安静地走，并不打算让任何人知道，我的身体里翻腾着生命的跃动。语言是苍白的呀。是我自己的秘密。”

“感觉得出你怀孕以后变化了很多。”G望向我，“我想问你，怀孕和你之前想的一样吗？”

“也许是我在孕前做了充足的心理准备，既不恐惧也不焦虑，而且是自由和自主的决定，怀孕比我想象的要好太多。”我说，“自从怀孕以后，我整个人都放松下来，沉浸在世俗的幸福之中，对未来，有前所未有的淡定：任外界如何动荡，我都有定力安住。以前，在我害怕生孩子时，看到孕妇，我会觉得作为雌性物种好可怜，必须承担这样的辛苦与痛楚。现在，我对我本能的母性，甚至对我在生物链条上的功能，都表示了愉悦的臣服。这一切都是自然而然的，我为什么要抵抗呢？这也是我想不到的愉悦啊。”

“怀孕对女人来说，是一个成熟的社会人做回‘自然人’的机会吧。人类作为自然人已经存在了几百万年，当然是自然的驱动力更大。我们不过是感受到了‘自然人’在身体里的复苏。何况，社会文明是真的‘文明’吗？季度KPI（绩效考核）真的那么重要么？领导的几句表扬真的那么重要么？当一个生命在你的体内呼吸，之前看重的许多东西，权重都下降了，没有什么可以珍贵过这个未曾谋面的小东西。诚实地说，在职场上，我的企图心变低了，以前我也觉得这样的女人没有出息，那是因为我不知道，有比‘成就’‘认可’‘证明自己’更重要的。现在我不需要急于‘证明自己’，因为我知道我的存在，是这么理所当然，就如你所说的，女人在怀孕以后，不知不觉恢复了与自然的神性联结，一切尽在不言中——解释是多余的。”

“我从来没有如此关注过‘当下’。”我说，“以前我很容易忧心忡忡，思绪漫无边际，总是在为未来准备，记不住昨天的事，甚至刚刚发生的事，活了一年如同活了一星期，匆匆碌碌又浮光掠影。如今，时间仿佛为我停留了，揭开了它模糊潦草的面纱，露出沉静细致的脸。我踏实落地，日升日落，一饭一蔬，每件平常而细小的事都有它的尊严，不容忽视。胎儿以‘天’为单位在渐渐长大，日子也是一天一天，清晰可鉴，不疾不徐。”

（二）

G说：“荷尔蒙的作用是真正大呀。我们都是荷尔蒙的‘臣民’，受它派遣和指示。医书上说，女人在怀孕之后，身体产生的激素会与往日大不相同，大概我们性情的变化、脾气的变化、心情的变化，都与之有关。身体难受是不用说的——我胖了近15公斤，现在躺在床上睡觉就像一只失重的乌龟，无法翻身，胃口也不好，情绪波动更剧烈，但是，随之而来的，母性的柔和也是在渐渐生长。”

“估计就是受了荷尔蒙的影响，我的泪点下降好多呢，我没想到我这么爱哭。”我说，“怀孕三个月时的孕检，我第一次在B超屏幕上看到小不点儿，已经有人形了，我震惊了，然后又听到有力的胎心声，看着他在子宫里挥舞着双手双脚，似乎还在轻轻地上下弹跳，我的眼泪一下子涌了出来。之前只是知道怀了孕，对胎儿还是很混沌的认知，医生告诉我只有一颗鸡蛋大小——对一颗鸡蛋能有什么感情！直到我真正看见了他，哇，原来他已经是个完整的小人了！太不可思议了。就在那一瞬间，我完完全全地爱上了他，我贪婪地看着，心里升起一个强烈的感应：他在我的肚子里很开心，为即将来到这个世界而欣喜。这将我的最后一丝顾虑也打消了。他很希望到来呢，他没有一点儿他妈妈的阴郁与犹豫，他只是一个全新的生命，带着宇宙最开端的心跳声，‘怦怦怦’‘怦怦怦’，快速而有力，义无反顾，无所畏惧。我被他感动了，止不住地掉泪。连护士都不好意思看我。”

“哇，你竟然哭了，这还是以前那个冷峻的不愿生孩子的你吗？我第一次见到B超影像时，也是很激动，顿时觉得从此不一样了，自己的身体里居然有这样一个小人，这种痴然的体会，真是只有过来人才能明白。但我没你那么感性，并没有哭噢。以前看着那些把B超单当宝贝的孕妇，我都觉得好笑：上面什么都看不清啊，还怪吓人的。唉，轮到自己时，也是不能免俗啊，抱着黑乎乎的单子看个不停。”

我说：“还有一件事，你不要笑话我——都是荷尔蒙惹的。上个月我和家人去看马戏团表演，很精彩很梦幻，可是看到小丑在高空中踩钢丝还要故意摇摇晃晃逗笑观众时，我又忽然掉泪了。我在想：这是谁家的孩子呢？虽然他已经是成年人了，可他也是从小孩长大的呀。他一定吃了很多苦吧？他喜欢他的工作吗？还是只为了赚一份口粮就不得不做这样危险的动作？他的妈妈舍得他这样做吗？我想到，他也是从母亲腹中那个‘小人’而来，就感到不忍心。”

（三）

夕阳渐渐落下去，我们的谈话还没有结束。

“我们现在能有平和的心态，是因为我和你都期待着孩子的到来吧。”G说，“可惜我们两个并不能代表天底下所有的母亲。也许有的孕妇正处于焦灼、怨恨、愤怒、失望之中——并不是所有的孩子都是在盼望和祝福中降生的。世界也不是被爱和温柔包围，总有残忍与粗暴。这就是生活。”

“是的，这就是生活。我们很难左右和改变他人的人生。可是，如果我做一个快乐的母亲，这世上就多一个温柔的妈妈，就多一个被爱眷顾的孩子，我至少对自己和孩子的人生是有影响的。世间善与恶的拉扯，不就是这样存在于具体的个体之中吗？我想明白了，恶是不可能消失的，不可能被根除的。不用看他人的作为，我自己的作为如何呢？至少我可以选择，选择爱而不是恨，选择给予而不是摧毁。”我说。

“‘好母亲’也是一顶很大的帽子，女人也是人，母亲的权利和孩子的权益并不是一致的。一个妈妈要做到多‘好’才算够呢？我想这是个无底洞吧。这也是造就女性焦虑的来源吧。”G说。

“我不敢说我会是一个一百分的妈妈，但是合格还是有的，这样就足够了。没有人需要完美的父母。我们的世界里找不出一个完美的圆形，我们也不可能找出完美的人、完美的爱情、完美的孩子，当然也不会有完美的妈妈。你说过，自然的力量最大，生命本身带有天然的适应力和潜力，可以自行弥合缺失、再创新生，‘妈妈’并不需要给孩子所有的一切。”

“从怀孕开始，母体与子女就是不可分割的，孩子吸收我的气血，我的身体不再是我自己一个人的身体，而是和孩子共用。”G说，“这样，我不再随意支配我的身体，出于母性的本能，我当然会注意饮食起居，为胎儿保持健康安稳的身体。可是，当我特别想吃日本生鱼片、小龙虾这些禁忌食品时，我又感到有些委屈。这让我想到，有个育儿专家严厉指责那些抽烟喝酒、作息混乱的母亲，她说：‘如果小孩有权利控诉，他们也会控诉母亲没有为他们提供良好的身体素质基础，甚至是造成不可逆的损伤。’

我觉得他说的话是没错啦，孩子当然是无辜的，孩子当然有孩子的权利，可‘控诉’一词出来，我还是有点胆战心惊：原来孕妇的身体真的不再属于她自己了。可是孕妇也是人啊，她的‘自由’却因此有了限制。”

“母亲和胎儿的人权，是个哲学问题，也是个法律和伦理难题。胎儿是‘人’吗？胎儿有人权吗？胎儿的生命和出生之后的人的生命平等吗？这些问题一直有不同的争论。”

（四）

“胎儿当然是人了。你没看到吗？连三个月的胎儿都已经有人形了。”G说。

“那你支持女人堕胎吗？”我问。

“啊……我还是支持的，女人的身体，女人自己做主。”

“那你就等于支持：胎儿并没有独立的生命权。”

“可是，在一些情况下，如果把孩子生下来，真的会毁了女人的生活。如果一个孩子的诞生给大人带来很大麻烦，我想大部分大人都不会让他出生吧。生下来，这个孩子也是痛苦的。”

“那么，就还是大人的权利大于胎儿的生命权。这么想的话，等于不承认胎儿是‘人’，至少不是完全的人。”

“嗯。我还真没仔细想过这个问题。看来我们大多数人的第一念头，都是认为胎儿并不是‘人’。”

“在一些国家，法律规定是不允许堕胎的，这样的法律依据大约有某些宗教的影子，认为胎儿也是有人格和灵魂的，即使是母亲，也不能随意决定胎儿的生死。”

“在现实情况下，不允许女人堕胎，对女人太不公平了。首先，受孕可能就不是女人的意愿，很可能是意外发生的。其次，如果女人不想生，却非要她把孩子生下来，这也违背了女人的意志。最后谁来抚养这个孩子？如果女人没有堕胎权，那要有非常完善的社会抚育体系，以及对母亲的隐私保护，否则，很多女人的命运就太悲催了——只因为具有生育能力，就无法做主以后的人生。如果要我选，我还是认为孕妇的权益大于胎儿的权益。”

“现在大部分法律，都是认定‘胎儿只是母体的一部分，并不具有独立人格与法律权利’，也就是说，绝大多数法律都是支持堕胎权的。以前看一些美国影片，看到孕妇因为法律不允许而偷偷堕胎，不得不搭上性命，也是触目惊心。”我说，“在我怀孕以前，我是坚定不移地支持堕胎权的，在怀孕以后，因为看见和感受到了胎儿生命力的神奇，反而有所动摇了。在我心里，我是真的认定他们是‘生命’了。”

“生命和生命的待遇就是不同啊。即使是出世的婴儿，有的被百般呵护，有的可能直接被抛弃了，谁又能保证他们每一个人的生命权和幸福权呢？——这个话题有些沉重。”G说，“但愿我们的宝宝，都能健健康康地出生。我尽量忍住不吃三文鱼和小龙虾。”

（五）

“少量吃点应该没关系的，心情好才是最重要的。孕妇也不要对自己太苛刻了。如果真的感到不太舒服，不太适应，有一些委屈，有一些抱怨，有一些放纵，又有什么关系呢？我们又不是圣人。”我说，“任何母亲对孩子、对生育都会有些‘敌意’的，因为母亲和孩子的权益本来就不是完全一致的，好的母亲，就是可以意识到这种‘敌意’，并接纳它。被意识到和被接纳的情绪，才会疏通开来，才不至于造成压抑的‘炸弹’，才不会伤人伤己。”

“你这么说让我宽心很多。我也相信，快乐的妈妈，是给孩子最好的礼物。如果自己焦躁不安或愁眉苦脸，即使我们安排好了一切，即使为孩子提供了最好的条件，又怎么能让孩子感受到活着的乐趣呢？”

“我很享受怀孕这件事，”我说，“女人也是有特权的——相比男人，能够孕育一个生命，是我们的特权。我更喜欢我的女性身份了。而且，我猝不及防地爱上了我的孩子。是的，我敢于承认，我爱他。爱不是思考出来的，不是分析出来的，是确切地感受到的。它就在那里。这样的‘爱’的感觉，真好。它让我什么也不怕。”

“有人说，‘毒舌’的人其实很深情。你以前那么‘毒舌’，现在却这么深情，我明白那句话了。”

“如果要总结我的态度，就是，既不逃避对生育的怀疑，也不逃避对生命的深情。”

“好像后者花了你更多的勇气。”

“是呢。我终于不再逃避对生命的深情。”

古老的工作

2015年11月

K，我小时候的玩伴

孩子出生三个月了，K来看望了我和孩子，然后我们在我家楼下的茶餐厅坐着聊了一会儿。

（一）

“你气色不错，恢复得挺好的。”K对我说。

“我请了一个能干的阿姨，她帮了我很大的忙，我轻松很多。”我说。

“看来一切进展都很顺利。一路看你走过来，你的状态，对我这样不敢生孩子的人，也是一种鼓舞呢。”

“呃……其实全部事实并不是看起来这样。虽然我做了许多现实的准备，包括心理建设、经济储蓄、上产前辅导班，以及和老公仔细讨论家庭分工和带娃计划，但是……总有一些是计划外的状况。‘人生不是做菜，可以把所有材料都准备好了才下锅’，这句话的提醒在于：人不可以自大到以为自己什么都可以准备好。”

“有哪些是以前没想到的呢？”

“第一个就是生产的痛，”我说，“以前听说了生孩子的痛苦，可是听得太多，反而把‘痛’变成了一种抽象概念——‘痛’，既然每一个母亲都要经历的，那就不算特殊，去面对就好了。可是真到经历的时候，就知道，身体的痛，让任何概念和语言都苍白。一个即使悟透了人类痛苦的哲学家，突然被抛进身体的酷刑之中，‘痛苦’的‘概念’灰飞烟灭，只剩下肉体确切地苟延残喘，也会瞬间明白：和心灵的痛苦相比，身体的痛苦要粗暴尖锐得多。”

“听起来很吓人……”K脸色凝重。

“我说的只是我的经验，每个人生孩子的经历都不一样。”我放缓了口气，“我是生产过程比较坎坷的那一种：打了催产素，加剧了痛感，坚持了24小时，最后还是因为条件不符合顺产而实行剖宫产了。同一个产房里，也有只痛了四五个小时就很快把孩子生下来的。总之，生产过程可能会有许多不可控的因素，这是我之前预料不到的。”

“那是怎么个痛法？”K仍然有点紧张的样子。

“……是我有生以来最痛的一次……我记得痛到极致时，我用头撞墙，万念俱灰，几乎绝望了，后来我累到虚脱，意志崩溃，迷糊发烧，却不敢闭眼睛睡觉，因为我怕自己睡过去就再也醒不过来了。幸好现代医学有了更好的技术和方法，大大降低了生育的风险……我现在都不敢仔细回想当时的情景，因为如果想起来，还是会心酸想哭。”我说，“当然，当孩子出来的那一刻，如同劫后余生，一切都过去了，翻篇了。原来，当妈妈都是这么过来的。我相信了怀孕产子对一个女人的无形锤炼，那是贴近生与死的洗礼，总会留下些什么。无论一个孕妇在生产过程中是否有危险，剧痛都会让她接近‘死亡’，而她也体验了什么是真正的‘新生’，这让女人从此比男人更能洞悉生命的本质。她们不是用头脑在思考，而是用身体在践行。”

“当妈妈还真是不容易……挺伟大的。”K感慨道。

“这样的‘伟大’是每个母亲不得不承受的，是无法讨价还价的。如果可以不经历这样的‘伟大’就能生出孩子，我想我们都愿意和上帝谈谈条件吧。”我无可奈何地笑，“是大自然毫不留情的设置，造就了每个母亲这样平凡而无赦免特权的‘伟大’。”

（二）

“很多女人都说生完孩子才是磨炼的开始。”K说。

“虽然我之前和不少妈妈们聊过，向她们取经，可是轮到自己做新手妈妈时，也还有一些角色适应的困扰。整体说来，做妈妈没有我最开始想得那么可怕，因为我不是一个人在承担，家人和专业月嫂帮我处理了许多事情，在最初一两个星期，我甚至觉得非常轻松，只要专注于身体恢复就好了。不过渐渐地我发现，我低估了哺乳的难度。哺乳的频率和强度，让我觉得自己是一个喂奶机器，而不是一个‘人’。这是我第一次强烈地感受到为人母对‘个人’的剥夺，我一天二十四小时的时间几乎全部耗进去了，而且没有任何人能替代我的工作。要知道，即使在怀孕时，我也可以有许多时间做想做的事，我阅读写作时经常忘记自己是个孕妇。可现在不行了，我必须全身心地投入到对孩子的养育中。”

“请了其他人来帮忙也不行吗？”

“哺乳这件事，是不可以分工出去的。以前我想，男人和女人在育儿劳动上是可以旗鼓相当的，如果妈妈太辛苦，那么大多是因为爸爸不尽责。可是现在我知道了，一味追求女人与男人之间的公平，是幼稚的想法。男女之间的生理差异就在那里，婴儿天然就更需要母亲，天然地会和母亲的联系更紧密一些。

我曾经很有信心，我才不会变成一个‘睡眼惺忪、焦头烂额、蓬头垢面’的母亲。可是，由于哺乳磨合不顺利我又吃了很多苦，我还是不可避免地成为一个‘睡眼惺忪、焦头烂额、蓬头垢面’的新妈妈——意识到这一点的时候，内心不是没有失落和挫败感的。”

“不哺乳不可以吗？如果那么辛苦，我就不喂奶了。”

“嗯，我也想过断奶。是呀，不喂奶以后，马上可以自由了，我就可以从‘喂奶机器’的频繁任务中解脱出来了。这个念头的演变也很有意思。最开始是负疚感——我不是个好妈妈，接着是委屈——我想对自己好一点儿有什么错？再接着是犹豫——我为什么要急着摆脱这个小婴儿呢？”我说，“真正让我反思这个念头的，是有一天，我习惯性地把哭闹的孩子扔给阿姨，因为要‘抓紧时间做点自己的事’，一个小时后我悄悄踱步到卧室，看见孩子已经在阿姨的安抚下睡着了，他的小手还拉着她的大手。在转身那一刻，我问自己：我希望牵着他小手的人是我，可是我为什么没有这么做？当我这样问的时候，我发现，我竟然无意识地抵抗内心的母性，我依然是以一个现代职业女性的标准在要求自己。当我这么问的时候，我惊觉，把自己比作一个‘喂奶机器’是多么无情，对自己和对孩子的无知与无情。”

（三）

“无意识地抵抗内心的母性——是什么意思？”

“也就是我这么多年的惯性：情感隔离，虽然我懂得了许多‘爱’的道理，但我仍然习惯性地抵触：抵触真正的亲密，抵触无条件的爱，我害怕一直引以为傲的‘自我’的消融。我以前的理性思维告诉我：做妈妈是几乎每个女人都可以做到的事，是毫无门槛的身份，是生物的本能，我切不可沉溺于此，不可丧失自我。所以我急于从事我认为的更‘高级’的工作。育儿这样古老又重复性的劳动，这个被现代社会严重贬低的劳动，也被我矮看了一截。”

“无论在什么情况下，都不能失去自我——这不是一个独立女人该牢记的吗？”

“真正的核心自我怎么会这样脆弱、不堪一击呢？怎么会被‘付出’和‘给予’打败呢？只有虚假孱弱的自我，才会如此战战兢兢、气度狭隘。让人失去自我的，从来不是爱，而是恐惧。对世俗舆论和习惯势利的恐惧，差点儿令我连最简单本能的母爱本性都不敢面对。最开始，每当听到孩子的哭声，身体就条件反射般地分泌乳汁，我吓了一跳，我还不能完全承认自己是大自然的一部分，我身上承载着自然千万年演化的生物性，毕竟，我社会化得太深太久了。”我说，“艰难的母乳磨合期过后，我意外地发现，当我在夜里温柔地怀抱着孩子时，看着他宛如莲花般洁净的小脸，听着他柔嫩地吞咽着奶水的声音，我的内心充满了温柔和安宁，我不由自主地跟着他哼哈咿呀甚至唱起自创的摇篮曲，这样的频率令我放松而且幸福。这种幸福与我阅读思考时获得的精神火花不同，那是一种给予的幸福，一种不假他求的快乐。”

“所以，这样的快乐，就可以让你放弃你的精神追求？就这样甘心泯然于众人？和那些没受过教育的妇女一样？”K有些不敢相信。

“哈哈。这看起来是惰怠和退步是吧？我明白你说的这种感觉，我从小就习惯了‘进步’，习惯了不比别人差，包括不比男人差，习惯了以不求上进为耻。‘进步’得太久了，偶尔退退步，也是挺不错的。”我笑着说。

我又说：“如果说生产和哺乳的痛是我没有想到的，我可以这么爱孩子，也是我没想到的。因为要给孩子温暖和爱，从我并不充盈的身体里，又挤出了一点一点的爱来。挤得多了，好像那源头也滚烫起来，能产出更多的爱了。我现在觉得，哺乳不是负担，是和孩子亲密的宝贵时间。我迷恋孩子的一举一动，我沉醉在他一天天的变化之中。至于精神追求，又何必拘泥于形式呢？读书是学习，观察一个新生婴儿的成长、体验自己内心的细腻情感就不是学习么？是僵硬的知识重要，还是活着的感觉重要？如果我们真心去了解婴儿，就会对他们感到惊奇，他们身上的确有大人没有的力量。另外，不要对‘没受过教育的妇女’嗤之以鼻，这世上多的是没上过学却内心清明的老妇人，也多的是学富五车却头脑壅塞的读书人。”

K说：“我只是想起一个女作家说的，世上最痛心的事，莫过于一个有才华的女人去结婚生子。一个冰雪聪明的女人，在尿片、奶粉、家务、鸡毛蒜皮中沉沦下去，多么浪费。”

“换尿片的女人就不冰雪聪明了吗？做一些日常琐事就是沉沦？我不觉得。生活不是这样非此即彼的对立。养育孩子是很琐碎，可是也让我更接地气，让我看见被我忽视的部分真实。我没必要把世界划分为完全对立的两半，只要其中我想要的那一半，却拒绝和否认另一半。我要的是真实，不是幻象。我也并不觉得换尿片是苦差事，因为在换尿片的时候，我可以和小宝宝有许多互动啊，可以看着他的眼睛和他说很多话呀。”

“你真是……母爱泛滥了。”

“我本温柔，只是我以前不知道而已。人们误解得最多的，往往是自己。”

（四）

“你怎么这么快就适应了？我知道有的女人好几年都缓不过来，还有得产后抑郁的。”

“生育，是一个女人褪下层层粉饰、赤裸直视生命的阶段，其间很容易爆发潜藏的危机。因为我们大多数人都是过着这样的生活：外在标准参差不齐，无所适从，不知依附哪个标准好，就像风中芦苇，时而倒向这边，时而倒向那边。以及，在过往的经历中，我们对亲密关系多多少少有一些难以发觉的创伤和愤怒，一下子面对新生婴儿这个极其依赖自己、却又给自己带来许多‘麻烦’的小生命，许多新妈妈都会顿时束手无措。”我说，“原始的身体撕裂之痛、古老的母婴一体依恋，都让女人看似坚强不疑、实则模糊矛盾的自我坍塌粉碎，身心处于空旷的孤独之中。这样刺骨的孤独，无可言说，无可依傍，就像熙熙攘攘的潮水退去，裸露出生命深处的症结，兀立在那，不可回避，不堪面对，于是埋藏已久的症结总会发作。如果我不曾沉入生命的底层去看见我自己、接纳我自己，我的创伤和愤怒，肯定会令我无法接纳孩子带来的一切。”

“还有个原因，”K说，“就是我们家庭中的夫权文化很容易忽视产妇的心理支持和话语权，丈夫做甩手掌柜，老人尤其是婆婆的干涉还会剥夺新妈妈的存在感。我认识一些女性朋友，生孩子前都风平浪静、岁月静好的样子，生完就惊涛骇浪了。”

“生育会让婚姻的薄弱处暴露出来，尤其会暴露出夫妻双方在原生家庭中的软肋。有人说，当一对男女结婚，躺在婚床上的不是两个人，而是六个人，因为在男女背后还有双方父母参与其中，这是不无道理的。只不过在小两口的时候，这样的参与还不明显，生了孩子，父母来帮忙，天天相处，一旦问题来了，就变得复杂纠结了，因为这绝不仅仅是带小孩的问题，还有几十年生活历史、情感处理方式不兼容的问题。”

“结了婚真是步步惊心啊，谁知道前方有什么坑在等着呢？”

“婚姻也是前半生的心智体现。你会不会结婚，你会爱上什么人，你会和什么样的人结婚，都隐藏在历史的密码中：你的原生家庭、你对亲密关系的态度、你的安全感程度、你的自我认知程度……婚姻是两个人之间深重的缘分，或许是前世的未了纠葛才会走到这一步。但是，一段婚姻究竟是善缘，还是劫难，在开端的时候，谁又说得准呢？黄粱一梦、恍然梦醒的梦中人也很多。”

“你信前世？”

“我信冥冥中的缘分，是超越此生的因果酝酿，是不可解释的偶然。”

“如果在生了孩子以后才发现婚姻错误怎么办？”

“能怎么办？人人都在自己能力回转范围内做不同的选项。将错就错是一种，翻盘重来是一种，误人误己是一种，各生欢喜是一种，孩子也只有在其中看见生活的不同面貌了。孩子与父母，又是另一段难解之缘了。”

（五）

“生下孩子，对女人也是另一场生命‘新生’的开始。”我说，“她不得不直面生命的承担与责任、婚姻的缺憾与妥协，这样的‘新生’的痛苦与醒悟，对任何女人来说都不容易，但大多数女人还是可以度过，这最大动力就是对孩子本能的温柔与爱，它们缓解和转移了女人对不完美生活的不甘心和执拗，让女人更清醒地认识到什么才是最重要的。爱，就是让人有力量。只要她还爱孩子，她就有力量和韧性去面对一切现实。所以人们说‘为母则强’，做了妈妈的女人，迸发出的能量比许多男人还要大得多，就是这份母爱让她们既柔软又刚强。”

“爱，让人有力量——可是，我没有体会过你说的那种‘爱’，我怎么知道我未来会不会‘爱’孩子呢？毕竟，也有一些生下了孩子就更郁郁寡欢和怨恨世界的女人。”K说。

“为了有力量而去生孩子当然是危险的。孩子也可能成为压垮一个人的重负。所以我不会劝说一个人去生孩子，那是非常私人化的事。我不能代表所有人，我只能代表我自己的经历和体会。我只能对那些灰心的人说：爱，是存在的，无论你有没有感受过，爱都存在。”我说，“一个女人也不用非要通过生小孩来感知这份爱，一切让你有力量的，都是爱。相反，如果一个女人被悲伤、愤怒和恐惧控制住，很久没有接纳过自己，那么她生命本源中的温柔与爱也会被堵塞，她无法爱自己，也无法爱任何人，包括自己的孩子。”

“我就有很多灰暗面，我不知道我会不会影响孩子？”

“你能意识到对孩子的影响，已经比很多父母有自觉了。谁没有灰暗面呢？人与阴影、与伤疤共处，而不是要消灭阴影和伤疤的——这也是做不到的。没有阴影的人很可能是最可怕的怪物。接纳自己很重要。当然，如果有严重的心理情绪问题，可以寻找专业的心理治疗帮助。我也是花了很多时间才恢复对世界和自己的信心。”

“我还是想，人生苦多于乐，为什么要生个孩子呢？”

“我以前也有和你一样的困惑。看来世上从来不缺乏这样的诘问，只是最后的答案不一样罢了。”

“所以你的答案呢？”

“我曾经很害怕我的孩子问我：为什么要把我生下来？现在我可以明确地回答：因为人是值得活的。”

“如果你的孩子觉得不值得呢？你又不能代替他思考。”

“那是他的造化了，我不能控制所有的事。但我至少保持了对我和他的诚实。”

“我还是想知道，你是怎么下了生孩子的决心的？”

“任何决定，都会冒一点儿险的。关键在于，即使知道其中的代价，也愿意去做。这就是选择的意义。也就是说，知道了丁克的代价仍然选择丁克，和知道了生育的代价仍然选择生育一样，都是自由选择的践行。选择，不仅仅在于你知道了你这个选项的好处，也在于你能同时承担它的失去和局限。这才是自由的负责任的选择。”

“很多人都和我说过，活着多么有意义，重要的是过程，重要的是可以对这个世界改变一些什么。我会想，地球都只是宇宙的沧海一粟，改变又有什么用，人类迟早都会灭亡。有的人寻找到了过程的意义，但我没有；有的人觉得在这个世界上有所作为是有意义的，可我没觉得——所以对过程的感受不一样。”

“意义没有标准答案，你还在寻找中。只有自己认可的意义才有意义。人类迟早要灭亡——我赞同，可这并不妨碍我们在这里真诚地聊天，如果我们不活着，这一下午的事，就不会发生了，我们也感受不到了。活着的一些片段让我很难忘：看到天边一朵云，读到一本好小说，写了一首小诗，吃到了冰淇淋和小龙虾，为一首曲子而落泪，对异性还有心动……每到这些时刻，我就会特别地去体验和回味，我就会想：如果我不存在，这一切也就感受不到了。这样一想，还是很凶险的，活着已经是个奇迹。”

“我是一阵一阵的，时而好，时而就钻牛角尖出不来了。”

“我记得你初中时很喜欢画画儿，你可以重新捡起来，人活着，生有可恋很重要，爱好也是恋的一种。”

“嘿，我试试。还有，也许我该多读点书，人烦恼就要多读书。”

“是啊，每个人的烦恼，看似孤独，终究有人性的普遍性，历史上有太多人想过类似的问题了。去找找历史上的朋友，看看他们是如何解决你的烦恼的，等你看完，也许十年就过去了。”

“哈哈，是的。”

“当我们心有所念的时候，日子就值得一过。”

没有平庸的人，只有不被爱的人

2016年3月

Z，全职妈妈

Z大学时读的是国内最好的幼儿教育专业，硕士毕业之后，在一家少儿出版社做了几年编辑，现在她是全职妈妈，有两个孩子。我们在Z的家里，她烤的抹茶柠檬双色蛋糕的香气氤氲在四周。

（一）

“你家的宝宝怎么样？”Z关切地问我。

“可爱极了，我都不知道小孩有这么可爱，怎么看都看不够。”我抑制不住欢喜，“现在他每天早上醒来第一件事就是对我笑，天啊，时间都消失了，如果有永恒，这样的瞬间就是永恒。

休产假这几个月，大概是我最满足最放松的日子，我都不知道，快乐是这么自然而然、普通平常的东西。以前我认为，快乐是稀缺品，是辛苦与努力的交换——不是这样的。以前我对自己太不好了。”

“是吧，小宝宝就有这样的魔力。所以，说他们是天使，也不夸张呢。”Z很理解我。

“我只是给他一个拥抱，他就像得到了全世界，笑得像天上的太阳；当我温柔地凝望着他，他也用他的眸子望着我，那目光，让我相信神是存在的，充满了清澈的宁静与关照。是他的爱与信任，激活了我身体里毫无保留的爱。”我感叹道，“我从年少时就寻求爱和温暖的庇护，因为孤僻胆怯，并未得偿，一度对人心世道绝望，抑郁不平，如今蓦然发觉，原来爱不在别处，就在我自己身上。如获重生。对这个小生命很是感恩。”

“你会是一个好妈妈的。你以前受过的苦，没有使你变得冷酷无情，却让你更为细腻温柔，不是孩子治愈了你，是你内心本来就有的爱治愈了你。”

“谢谢你这么说。当我被需要时，当我是一个给予者时，我从来没有感到自己这么强大过。施比受有福，因为施的人无形中就拥有了很多东西啊。这样的感觉真好。”我说。

忽然我想起一件事，忍不住笑起来。

“你笑什么呢？”Z问。

“我想起，大概三年前吧，我还气势汹汹地对我的丈夫说，我讨厌平庸的人，我才不要生一个平庸的人出来——这世上普通平常的人太多了，多一个不多，少一个不少，何必多此一举呢？做了妈妈以后，才知道，什么是众生平等，每个人出生都有被爱的机会。许多婴儿，外人看起来也许很普通，甚至有些丑，可父母却视若珍宝，当作天底下最可爱的宝宝。以前我觉得这样的父母之爱盲目而痴狂，毫无理性可言，可是，这样的‘无理性’，正是每个人值得被爱的证明，不是因为你漂亮、聪明、优秀才被爱，你就是天生被眷顾着。”我说，“我爱这个小婴儿，不是因为我足够了解他，我对他的未来一无所知，但我就是爱他。因为做了妈妈，我不再觉得有‘平庸’的人，一个人只要被爱过，他就是珍贵的，他在另一个人眼里就是闪光的，他就不可能平庸。这世上没有‘平庸’的人，只有不被爱的人。”

“你说得很好。做人父母，本来是一个澄明的起点，是天性中的真爱重新复苏的机会，并由己推人，对更多生命有了呵护之心——这一切都是自然而然发生的，并不需要刻意而为。只怕随着时日渐长，孩子长大，很多父母这毫无条件的爱却也不再持续，比较心越来越重，对孩子失望、控制、制裁，也是常有的事。”

（二）

“你可以有很不错的事业发展空间，后来却在家做全职妈妈，一做就是五六年，是得大于失，还是失大于得呢？”我问Z。

“你对全职妈妈的认识是怎样的？”Z反问我。

“社会上的普遍看法是，全职妈妈是弱势群体吧，职场竞争力下降，夫妻经济地位不平等。全靠丈夫的认可和支持，如果离婚，也没有法律上的保障。可是，对一些新妈妈来说，如果没有家人帮忙带孩子，出于对孩子负责的考量，全职妈妈又是当仁不让的选择。”我说。

“我做全职妈妈的原因很简单，就是我很喜欢孩子。如你说的，和孩子在一起也是我最快乐的时光，我享受这样的当下。我知道，谈起全职妈妈，很多人要么是羡慕，要么是担忧。羡慕是觉得不用受职场赚钱之苦，自由自在；担忧是觉得不够经济独立，依附于他人。如果是出于这两种想法：为了逃避职场压力，或者怀着牺牲自我、低人一等的心态，这样去做全职妈妈，就不太可取。一是这份工作并不轻松，如果不是很喜欢，就很难有耐心享受其中，最后变成苦役，就违背了为孩子好的初衷；二是如果患得患失，自己安全感都不够，焦虑害怕，又怎么能给孩子安全感呢？”Z说。

“一个女人生下孩子之后，就开始左右为难。陪伴孩子少了，就是不称职的母亲——尤其是弗洛伊德以来，一个人的所有人格问题都可以怪罪于母亲；陪伴孩子多了，又没办法把工作专注做好。就连女性群体内部，也是相互瞧不起，家庭主妇认为事业女性‘没有母性’‘舍本逐末’，事业女性嫌弃家庭主妇‘家长里短’‘不求上进’。”

“女人最要紧的是不为自己的性别感到自卑，虽然在我们的文化中，这是一件很难的事。不因为事业成功而自卑，不因为做一个贤妻良母而自卑，这两者都是有价值的。遗憾的是，恰恰相反，我们事业成功的女人会害怕他人的眼光，我们的家庭主妇会觉得矮人一等。如果我们不自卑，就不需要通过攻击另一种生活方式来抬高自己。这几年，我就从未因为没有经济收入而愧疚，因为我知道我自己的价值，以及我对家庭的价值，当然，这也是我和我丈夫的共同约定。既然说好了，我就全心全意做好这件事，从来没有不安全之感。我不觉得我弱势，我得到的，并不比我丈夫少，和孩子相处的这几年时间，是我无价的收获。我也很感恩。”

“很多男人对孩子，似乎就是没女人上心，他们逗逗小孩还可以，要费尽心思去照顾，可能大多逃之夭夭了。”

“哈哈，男人这样，既有生理的原因，也有文化的原因。生理上，他们没有经过怀胎和哺乳，与孩子的亲密关系没那么容易建立起来；文化上，在社会上打拼、获取生存资源才是男人最该做的‘正事’。男人也是没得选的。女人怀孕生子还能抽离一会儿，看到不同的标准，男人却在一条单行道上，没得回头，没得退路。他们的世界，看似波澜壮阔，其实也是枯燥单调的。”

（三）

“在男女平权做得好的国家，比如北欧，男人带娃的比例很高啊，因为政策包括产假设定的初衷即是‘养育孩子是父母的共同责任’。或许也因为北欧人民已经不在生存线上挣扎，男女都可以充裕地享受亲子之乐。在我国，夫妻双职工赚的钱都可能养不好一个孩子，更别说两个人轮流休假了。”我说。

“男人和女人不偏不倚，共同承担育儿责任，也共同发展自我潜力，这样的性别文化当然是更高级了。也许到我们下一代，这样的模式越来越普遍吧。每个人的个性和天赋不一样，并不是以性别一刀切的，有的女人适合主外，有的男人适合主内，其实现在‘男主内，女主外’的夫妻也不少，我就有些男性朋友在居家带娃上很有天赋，他们的情商也很高，虽然并不是主流，可是独立的人何必畏惧不是主流呢。一味把借口推给社会，也是勇气不够。”Z说。

“你明知道育儿是夫妻的共同责任，可你还是承担了大部分孩子的事，会不会有过不平衡呢？”

“和小孩一起，对我来说是很开心和有意义的事，我想过，如果我现在很成功或很有钱，我接下来会做什么呢？我最想做的事就是和我的孩子们待在一起。那么，我是‘求仁得仁’，又怎么会不平衡？在我的价值观里，反倒是我丈夫的损失比较多啊。我丈夫和大多数男人一样，只愿意花10%左右的时间在孩子身上，因为他从他的工作和爱好中得到的幸福感和成就感并不低于孩子带来的，我不会强求他像我这样。说服和改变他人是徒劳无功的，你认为好的不一定适用于他人，而且，即使是真的对他好的，也只有他意识到了，改变才可能发生。所以无须强行推销，无须努力改造他人，走自己的路，也让别人走他们的路。我清楚我想要什么，无论他人如何，我只管朝我想要的走去。”

“那你对女权主义怎么看呢？”

“我就是女权主义者。我只是遗憾很多人没弄明白‘女权’的‘权’是指‘权利’——机会平等的权利、选择的权利，而不是‘强权’——恃强凌弱、控制他人的强权。女权不是以男人为敌，也不是要变得像男人那样——为了占领社会资源而丢弃包容、体谅、慈悲之心。男权社会的本质是强权：黩武、好战、弱肉强食、成王败寇、好大喜功。我们社会的男性人格过分，女性人格不足。我们每个人也同时具有男性人格和女性人格，女人可以去学习更刚强，更进取，更果敢，但也没必要否定和打压女性人格：柔软、平和、包容。如果不是女人模仿男人，而是更多男人学习女人，这个世界会优美和温暖得多吧。”

“马尔克斯说了，女人支撑世界，男人只有捣乱的份儿。”

“我是真的觉得女人比男人高级。有一个哲学问题：如果吃掉一个小女孩就能拯救全世界，你吃不吃？一个著名的男作家就说过：‘吃呀，你想想全部文明都集中在我手上，莎士比亚、爱因斯坦、歌德……不吃的话，这些文明就要随着我这个不负责任的举动完全湮灭了。如果人类都消失了，一片黑暗，这当中没有人性不人性。只有现在选择不人性，将来人性才有可能得到机会重新萌发。’这就是‘做大事’的男性思维。可是把这个问题给女人，特别是做了妈妈的女人，她们的本能反应是：保护这个小女孩。女人是天生的个人主义者，她们关心身边的人和细节，不为宏大的概念献身，更不会鼓吹他人为口号去献身，她们天生就有识别空洞谎言的直觉。”

“可惜，在人类历史上，温和的谦谦君子总是被黩武强权的人砍了头。包容、体谅、慈悲是很好，可是也太脆弱。这也是为什么人性的弱点使得人们更愿意匍匐在强权脚下，希冀成为权力的一部分，而不是反思和制衡强权。”

“权力就像魔戒，多少男人为它坠入深渊，交换了良心与灵魂。多少男人怀着开疆辟土、有所建树、征服世界的美好愿望，却又做了更多碾压他人、生灵涂炭之事。相比之下，女人倒是更有智慧一些，她们像陶渊明一样，看透了这争权夺利、不择手段的悲哀，还不如回归田园，守得安宁，治愈人心。如果要以成功与否、位居高位者多寡来衡量女性的整体发展状态，我觉得还是落入了男权的窠臼。倘若我们不能维护普通与平凡的尊严，不能欣赏易逝的脆弱之美，对弱小没有恻隐之心，那么女人赢得再多的权力，也是输了。残酷的生存是真相，可在这一层真相之上，怜悯之心也是另一种真相和力量，尽管纤细卑微，却也延绵不绝，由相信它的人守护着。”

“年轻的时候崇拜成功者，随着阅历增长，我发现，有些普通人的确比成功者更值得我的敬意。不过，权力并不一味是坏东西，手握权力还能心怀慈悲的人，就是魔戒的主人，他们也可以造福苍生。”

“我对儿子和女儿的教育都是一样的：以一个人做的事来评价他，而不是这个人的名气与权位；去做善意的事，因为这本身就是回报。”

（四）

“你有没有想过，万一，我是说万一，你和丈夫的感情关系将来发生变化呢？”我问Z。

“我和我丈夫都是恋旧和喜欢安稳的人，我们这样的人是比较适合婚姻的。感情当然无法有绝对保障，可我不会为了未来可能的变化而怀疑现在，损害当下的知足。我珍惜他，善待他，虽然我们两个有许多不同的地方，但我也不需要一个百依百顺的丈夫，我并不是完全指望他的关注而活着的人。如果真的有那么一天，我们无法再生活在一起，我们也可以很体面地分手。我很幸运，有不错的学历和资源，再加上物质欲望并不高，养活自己和小孩都是没问题的。”

“你在家带小孩，就没有疲倦和烦躁的时候吗？”

“有，怎么会没有？只是我在苗头不大的时候就能意识到，赶紧转移一下场景和情绪。人的身心能量是有限度的，我尽量不去挑战这个极限。对孩子，我也有很想发脾气的时候，但从来没有打骂过孩子——对孩子的耐心，更多地来自对孩子的理解：孩子不会无理取闹，他们只是有一些天性的诉求，小婴儿时给他们足够的安全感，对稍大一点的孩子给予足够的尊重和信任，他们会比大人还要善解人意。毕竟，我是学幼儿教育的呀，知道孩子在不同阶段的敏感期和规律，不和规律对抗，顺势而为。”

“我虽然很喜欢孩子，但如果一天到晚带孩子，我还是会招架不住的。”我说，“我大概不是居家型的，平常我连自己的饭菜都很随意，做起家务来笨手笨脚。我想我还是不会选择做全职妈妈，根据我对自己的了解，带娃和工作对半分，对我的能量会是比较好的补充和调剂。”

“当然没必要每个人都去做全职妈妈啊，还是要根据自己的实际情况来。关键不在于全职还是非全职，而在于妈妈的状态。其实我也没有完全消耗在带娃劳动上，我请了一个钟点工打理家务。在娃一岁半之后我基本就是在家半放养了，给孩子们自由的活动空间，需要我的时候我就出现，小孩可以自己玩很久，弄脏弄乱都没事，到时候一起收拾。即使是做全职妈妈，也不需要跟着孩子亦步亦趋。我两个娃都是两岁半就上幼儿园，适应得很好。我现在也渐渐有了更多时间。平常我也翻译一些国外的文章，只要我愿意，随时可以回到全职工作。”

“我也是这样想的，孩子越小时越需要妈妈，这个时候把安全感建立好，后面他会逐渐社会化，就是我逐渐放手的过程。即使我的个人追求多么有意义，在孩子幼小的这几年，我的侧重也还是会有所调整——人这一辈子长得很，急什么呢？如果真的是很喜欢的工作，我做到九十岁都有可能，不怕这几年放慢脚步。”

“你能这么想，就很好啊。”

“也有个适应过程的。我也急躁过，因为前面三十年都是冲锋陷阵的节奏，是内心不再那么匮乏之后，才终于治好了那头‘饿虎’，才可以安然接受细水长流。”

我见到了三十年前的母亲

2016年5月

我三十岁了。在梦境中，我回到了三十年前，那时我刚出生不久。我见到了我的母亲——一个年轻的女人。我和她说了好多话。

（一）

在一间老房子里，我看见一个小小的婴儿，包在襁褓中，躺在一张大床上。因为是难产，她是由产科医生用产钳夹出来的，即使过了二十天，头型还是尖尖的，有点变形。她皱着眉头，发出猫咪一般“呜呜”的哭声，哭声不大，却持续不断。那是我。

年轻的母亲急急忙忙跑进来，一把抱起婴儿，一边喊：“宝贝！你怎么了？”她的声音焦虑而急躁，婴儿哭得更大声了。母亲摸了摸婴儿的额头，又手忙脚乱地检查了尿布，在这个过程中，婴儿越哭越厉害。

母亲明显挫败了，她翻来覆去地换着姿势抱孩子，一边喃喃自语：“怎么还是哭啊！你怎么了啊！……为什么哭啊！别哭了啊！……再哭！再哭就把你扔掉了！”耐心终于耗尽，母亲把婴儿往床上一扔，身心疲倦。孩子还在大哭，母亲却已没有心情再去哄，因为此时她充满了烦躁与郁闷，一股无名之火正在她身上乱窜。婴儿感受到了来自母亲的焦灼与厌恶，绝望地继续哭下去。

“让你哭个够！”母亲猛地站起身来，要走出房间。我轻轻拉住她。她看见我这个陌生人，并没有吃惊。

我对她说：“孩子哭只是因为想睡觉了，她希望能在妈妈的怀抱里安全地睡一觉。还有，她太热了，你把她的帽子摘下来吧，她热得不舒服。你不要着急，你越是着急，孩子越是感到紧张和不安。你放松下来，抱着她，用轻柔稳定的声音和她说话，跟她反复说，‘妈妈爱你’，或者哼一首平缓的曲子。”

母亲照做了，十分钟后，孩子满足地入睡了，带着恬静的笑容。母亲把孩子放到床上，感激地对我说：“你怎么知道她是要睡觉了！小孩真难带！”

我说：“因为我也是刚做了妈妈。婴儿哭了，一定有她的需求，大人就是要观察出她的需求，满足她。”

母亲说：“她这么小，又不会说话，我怎么知道她心里在想什么？”

我说：“是啊，怎么去理解和回应不会说话的婴儿，是所有新妈妈都面临的问题。如果做好一个妈妈需要能力的话，这就是最核心的能力。这个能力与妈妈的学历、社会地位、经济程度都没有关系，它只是一种与婴儿‘共情’的能力，一种令母婴之间的情感自由流动的能力，几千年前就有许多母亲具有，几千年后仍有许多母亲却不具有；很多乡野村妇具有，很多高知学者却不具有。”

母亲说：“那我怎么才能有这种能力呢？我已经做得很多了，我对她无微不至，生怕她受凉生病。”

我说：“理解婴儿的需求，不是给她你‘认为’她需要的，而是放下成见，去看见她。你越是执着于‘我认为’，你就越看不见她的真实需求。你很怕冷吧？”

母亲说：“是的，我很怕冷，怕吹风，手脚冰凉。”

“所以你以为孩子最大的需求就是暖和，哪怕她已经热得出汗。你做了许多，但你只能看见自己，看不见其他。”

母亲不高兴了：“我担心她受凉也有错吗？”

我无奈地说：“只封闭在自己小世界的人，即使有人告诉了其他的可能，也会偏执地认为那是对他的抨击，会恼羞成怒，拒绝面对真相。我不是在说你，我很长一段时间也是这样的。”

（二）

“谁天生就会当妈妈呢？你还不是学习的？”母亲回击我。

“你说得对。很微妙的是，觉知和回应婴儿的能力，是一个妈妈在小时候无意识形成的——如果她在婴儿时期的大部分需求，都能得到不错的理解和回馈，她就不知不觉地掌握了这种能力，在她面对一个无助的小婴儿时，似乎‘天生’就会捕捉到小婴儿的需要。可是，如果她没有被这样善待过，婴儿的无助与脆弱，唤起她被拒绝的回忆，就会有否认和扼杀掉婴儿需求的冲动。理解婴儿的需求并自如地表达爱意，对有些人很简单，几乎是本能，对有些人却难于上青天，很难靠意志获得。她们主观上想尽力抚养好孩子，却总是和孩子之间隔着一些东西。”

“等到孩子会说话就好多了吧。”

“错了，语言的交流，在重要的亲密关系中，是次要的。潜台词和情绪才是更重要的。特别是婴儿，他们直觉敏锐，虽然不会说话，第六感却十分发达，他们完全暴露在大人的情绪振动中。身边的大人，尤其是妈妈，如果情绪稳定平和，他们就感到安全；如果喜怒无常，经常愤怒、烦躁、抑郁，他们就感到危险和恐怖。一个心怀怨恨的大人，违心地对一个孩子说，我好爱你，孩子只会感受到这份怨恨，并没有爱。”

“这太难了，我怎么控制自己的情绪？我脾气一上来，我也无法左右。”

“我知道，我就有这样的一个妈妈。她的感情和情绪可以在两个极端剧烈动荡。她即使到了五十多岁，仍然是这样的小孩心性，任性冲动，不计后果，说翻脸就翻脸。”我说，“我童年时很以这样的妈妈自豪，因为她会和我一起去游乐场玩，比我还玩得疯，才不像许多家长那样正襟危坐。我从小也很懂事，知道照顾妈妈的情绪，我爱她，希望她过得快乐。可是她并不快乐，她的人生之路似乎越走越窄，越是任性折腾，越是运气差。她一辈子最要紧的是恋爱，结了几次婚，谈了无数个男朋友，交往最短的男朋友不到一个星期。她一生漂泊，居无定所，像落魄贫困的波希米亚人，却始终没有放弃对男人的希望。在她忙于她的恋爱和云游时，她可以很久不过问她的女儿，她就像一只记忆只有七秒的金鱼，一次只能做一件事，而这件事很快又翻篇了，被她遗忘了。我从未向她撒过娇，从我读小学起，我就像大人一样宠溺她，我说，我支持你的一切决定，只要你幸福就好。可是，她并没有幸福。”

我说着，看着母亲，忍着眼泪，这个年轻的女人，有着饱满的苹果肌，乌黑的头发，明亮的双眼，比我还小四岁，她并不知道自己未来三十年的事。可是，在冥冥的上帝之眼的注视下，她的历史和个性，早已经埋下了未来的伏线。

母亲像听着一个很遥远的故事。我又说：“我习惯了一个人咬牙坚持，等我长大了，看起来能抵御更多风险了，我却坚持不住了，我陷入了对‘生’的深深悲观之中。二十多岁的我，贪图温情，又不信任任何温情，我可怕地发现，我竟然越来越像她，常常在两个情绪的极端之间摇摆纠结。终于有一天，我承认，我恨过她，恨她将我生下来，却又把我抛入了无穷尽的荒凉与孤单之中。”

（三）

母亲似乎对其中的一两句话很有共鸣，她说：“我也常常感到孤独和无依无靠，我觉得……没有一个人能理解我。我在这世上像浮萍，没有根，也不知道出路在哪里。在家里，我从小就不是最聪明的，也不是最可爱的，我脾气倔强固执，我知道自己并不讨人喜欢。十几岁我离开父母，上山下乡，后来恢复高考，我差几分没考上，我爸挥手就给了我一巴掌——我爸是狱警，脾气暴躁。我不喜欢和人说话，我喜欢写日记，把所有心事都写下来。我一直睡眠不好，常常失眠，结婚前去看过医生，医生说我是神经衰弱。”

“神经衰弱这个诊断，在我们这里已经很少用了，更多地是被‘抑郁症’所替代。”我说。

“抑郁症？”

“嗯，就是整个人很不快乐。”

“噢。我就不快乐。现在的日子，不是我想要的日子。总有一天，我要去很远的远方，去一个面朝大海、春暖花开的地方，有一个真心爱我的人，我们一起砍柴、养花、听涛声。”

“‘现在’是‘未来’的敌人吗？我的妈妈就从来没有接受过‘现在的日子’，她觉得更好的日子，永远在未来，更好的男人，永远是下一个。只有下一个，才让她有盼望的动力，或者，才能让她逃避‘现在’。”

“我只想找到一个真心爱我的人，我的丈夫自私不体贴，在我怀孕之后，我们还经常吵架，我失望极了，不敢想象和这个男人过完一辈子。我曾经那么爱他，对他那么好，那么依恋他，可他怎么能这么对我？我想过和他离婚。”

“在你的生命中，最重要的是爱情？”

“是啊，没有爱情，人活着还有什么意思呢？”

“可是爱情究竟是什么呢？”

“就是让人目眩神迷、不能自拔、奋不顾身的东西吧。”

“我却不相信狂热的爱。幻灭，是迷醉的爱情的必然结果。人在这样的迷醉中，既看不见真实的对方，也看不见真实的自己。”

“我只想要去爱，无论代价有多高，轰轰烈烈地爱。”

“好吧。你有选择你生活方式的权利。虽然我觉得这样并不明智，可是，一个人也有糊涂的权利，那是他注定要走的路，必然要承担的苦。毕竟每个人都被命运的外力和欲望的内驱力推动着，最厉害的算命先生就算看透了一切，也篡改不了走向和结局。再说，谁又能规定欲望必须一样呢？就像谁能规定所有星星必须一样大小呢？一些哲学家倒是希望建设出一个人类理想国，只有高贵、理性、明智的人才有资格在里面生活，短见、愚昧、疯狂的糊涂蛋最好被奴役或消亡。然而这样想的哲学家是不是也很疯狂和天真呢？理想国从来也没有出现过。”

（四）

“你爱你的女儿吗？”我看着那个小婴儿，问母亲。

“当然爱。即使在我闹离婚的时候，我妈妈让我把孩子打下来，说，如果真的离婚，你还留着肚子里的孩子做什么呢？我也不愿意。这是我的骨肉。无论如何，哪怕我一个人，我也能把她养大。这也许不明智，可是我绝不会怀疑和后悔。”

“你想过她将来会成为一个什么样的人吗？”

“不管怎样，只要她健康、平安、快乐就好了。”

“可你自己并不快乐。”

“哪怕在我不快乐的时候，我也会慰藉我的女儿，希望她快乐起来。有的事情，我不一定能做到，但我知道，她能做到总是好的。”

“我相信你爱她。母爱是在天地之间流转的生命本能——在我生下孩子之后，我体会到了这一点。可是，做父母，光有本能还不够。当我做了妈妈，我就发现，觉知和回应小宝宝需求的能力多么重要，不然，哪怕我想爱他，我也不知道怎么去爱他，我不知道怎么令他感到安全和舒服。而这个能力，我获得并不容易，因为我习惯了多年的疏离和僵硬。所幸，我花了很长的时间，放下了‘过去’，放下了我的匮乏与恐惧。当我和孩子在一起时，我全心全意地关注他、爱他，我竟然也懂得他的‘婴语’，我和他的沟通几乎没有障碍，哪怕他并不会说话。在我家里，我妈就不会哄孩子，她很容易把安静的孩子哄哭，孩子一旦哭起来她就缺乏耐心，于是在她身上我看见了我的婴儿时期，我就是这样被她带大的。”

“那你现在还恨你的妈妈吗？”

“正是因为恨过了，所以现在不再恨了。”

“真奇怪，在我的生活中，从来没有人敢说恨父母。无论父母做了什么，他们都是为我们好。”

“因为抱着这样的想法，在自己做了父母之后，也会觉得，无论我做什么，都是对子女好。这样的盲目与自大是代际相传的。一个人只有清醒地认识到父母对子女的影响，才会对父母之职有所敬畏，才会自省与自查，才会避免无意识的代际伤害。一个人认识到这一点，他不可避免地要经历一个客观认识自己父母的过程，在这个过程中，他会痛苦地追溯到自我创伤的来源，他会发现父母的局限甚至不堪，他会感到无能为力、愤怒、绝望、怨恨。他只有承认了这份无能为力、愤怒、绝望、怨恨，才可能走出来，脱胎换骨，用真正理解的眼光重新打量父母。”

（五）

“我就不愿意做一个权威型的父母，我希望能和我的女儿做朋友。”母亲说。

“父母的愿望总是好的。”我看了母亲一眼，“我的妈妈也想不到有一天她的女儿会恨她。我工作之后，有好几年，故意与我妈保持距离，因为和她在一起，总会让我想起，我那无家可归和生无可恋的过去。即使后来我知道，一个性格偏执、自顾不暇的妈妈是没法兼顾子女的，我仍然意难平。直到我怀孕了，我妈来照顾我，我对她的理解渐渐发生了变化。最开始，我自恃懂得许多道理，比我妈高明许多，总忍不住和她说道理，想要改变她。在我的孩子、她的外孙出生之后，为了表明我对孩子的绝对主权，我对她的一些言行表达了激烈的态度，我们爆发了几次两败俱伤的争吵。可是，每次争吵过后，我都惊讶地发现，她就像一面镜子，照出我同样的局限与不堪，我痛恨她的偏执、情绪化、自我中心，可是，这些特质恰恰在我身上体现得淋漓尽致。她就是有办法激发出我歇斯底里的一面，原来我的伤痛并未完全清除，我仍然活在与妈妈相对峙的条件反射中——我学会了她伤害我的方式，并在失控状态中以此伤害她及我身边亲近的人。我曾经觉得‘什么都是我对，别人不懂得反思’，可是，我在反思之后，还是会以我深恶痛绝的方式来对待她，那么，我和她有什么不一样呢？为了表达我的痛苦和正确，我也口不择言地报复她，那么，我又有什么资格说她不懂得爱，而我就懂得爱的道理？”

“后来你和你的妈妈怎么样了？”

“每一次争吵，我都更看清楚一点儿我自己，原来我已很久没有爱她，我也用我的自我、成见、冷漠在伤害她。我只能接受我‘理想妈妈’的样子，我想要按我的标准改造她，我无法接纳真实的她。为了改造她，在我看似正确的道理背后，埋藏着我的气急败坏与自私自恋。就像她想控制我一样，我也想控制她，一旦她不如我所愿，我就会抓狂。在第三次争吵之后，我突然从愤怒的条件反射中解脱出来了，我望着眼前的妈妈，决定去爱她，接纳她现在的样子，不再以‘真理’的名义改造她。我可以给我的孩子无条件的接纳，为何不能给我的妈妈无条件的接纳呢？她只是一个不自信的、渴望爱的老小孩，但她是爱我的，尽管她无法超越她的能力给我成熟的爱。我们互相都无法选择。无法选择的父母，也是我此生功课的一部分。我不期待她以同样的方式来爱我，但我可以选择去爱她。如果说有瞬间长大，我就是在那一瞬间长大的。我不再是许多年前那个眼巴巴地等待妈妈关注和保护的小孩，当我选择去爱她，我就有了爱，我不再缺爱了。”我望着母亲，说，“奇怪的是，当我放下改变她的念头，哪怕我不同意她的做法，也不与她争执，只是温柔地坚持时，她竟然也温和下来，放松下来，她不再那么情绪化和执拗。我和她的价值观与生活方式仍然大相径庭，可是这并不妨碍我们互相容纳、彼此关心。”

（六）

母亲说：“听了你的故事，我有一种奇异的感觉，好像似曾相识。从来没有人和我说过爱，我听得最多的是革命、斗争、响应号召、服从安排。我以为的爱，就是小说里、电影里浪漫绮丽的爱，是能让我逃离这平淡生活的梦想。”

“有一天，会有一个人好好爱你的。到了那一天，你就不会急于逃离‘现在’了。”

“真的吗？希望我不要等太久。”母亲的眼里闪着少女般的天真。

“你能想到，你的女儿有一天也会有她的孩子吗？”

“啊，那得好多年以后了吧。让我想一想……应该会有那么一天的。那时候我老了，我可以看见她和她的孩子，希望她一切都好。”

“不要吝啬你对女儿的关心和爱，温柔地对待她，她会一直记在心里。”我说，“在我生孩子时，我和你一样是难产，一天一夜之后，终于要做手术。我的妈妈，已经等了一宿，在我被推进手术室之前，她赶紧跑过来对我说了一声：‘女儿，别怕。’那时候我的确很怕，可是听到这一句，看到她瘦小的身影，我心里一动，就流泪了。在我成为母亲的关口，我知道我有多么爱她，我也多么在意她的爱。”

“嗯，我爱我的女儿。”母亲说。

我深深地看了母亲和那个小婴儿一眼，我说：“我走了，再见。”

我转身，没有回头。我知道，这一切，都只发生在我的梦境中。过去的一切，都不会改变。

母亲的命运，她电光火石般的一生与境遇，我和她这几十年的时光，都不会改变。只是，在我的情感深处，我与母亲的关系改变了，从那一刻起，我们的“现在”改变了，“未来”也改变了。

| 写给孩子的短笺

语　言

大人很强调语言的作用，尤其是喜欢讲道理的大人。

“你想什么你要说出来啊，不说出来我怎么知道呢？”哪怕在恋爱中也是如此。心有灵犀是落伍的臆想，语言才是高效的、明确的、清晰的。

直到妈妈遇见了你。你唯一会说的只有一个音：“哇！”

我该怎么和你沟通呢？我该怎么懂得你的诉求呢？

我深信不疑的语言的力量，一下子被你消解了。我们已经发明的几千个名词，对你都没有意义。

于是只有去虚心学习你的无语言沟通：

原来，音频、触觉、嗅觉、情绪，都是你能敏锐捕捉到的信息。你喜欢温柔平缓的语调，不喜欢尖锐焦躁的声音；你喜欢贴着大人的胸膛左边，那里有温暖的心跳振动，不喜欢裸露在无依无傍的冰凉空气中；你喜欢熟悉的妈妈的母乳味，不喜欢陌生人的味道；你喜欢安宁有爱的氛围，不喜欢剑拔弩张的气息。

原来，你的一个“哇”字，随着音调、长度、表情的不同，也代表着不同的含义：有时候的“哇”是饿了，有时候的“哇”是困了，有时候的“哇”是冷了，有时候的“哇”是肚子疼了……只有和你朝夕相处一段时间，只有十分关心你的人，才能听得出这其中的微妙区别。

奇怪，你不会说话，可是妈妈也知道你想要什么，我们也沟通得很好。

也许，心有灵犀是存在的，它需要放下我执与自恋，需要很专注地理解对方的意愿。

快 乐

很久以前，有一个人说：自性具足。这个人到现在还有许多追随者。

“自性具足”的意思是，我们天生拥有我们需要的一切，一切都是圆满的。

我不能理解。我觉得我缺很多东西呢。缺钱，缺爱，缺关注，我要付出好多好多的努力，才能得到其中的一点点，活着好累。

后来，我看到了你的样子。你怎么那么快乐呢？在你那里，快乐一点儿也不稀缺。不是用光了就没了要紧紧捂住的东西，是“千金散去还复来”、从来都不会减损的东西。

你爱笑。笑起来眼睛弯弯的，让我忘记了时间的流逝。你的妈妈不爱笑，你的爸爸也不爱笑，你是跟谁的呢？没有人教你，你天生就会。看着你，我恍若看见生命本源的喜悦，就在那里，无须经辛苦的交换才能得到。我们都是喜悦的孩子，可是，我们渐渐忘记了赤子的快乐。

你是最好的提醒。

玫 瑰

自从你学会了爬，你在床上睡觉时，总要想办法爬到我身边来，贴着我睡。

有一天中午，我睡着了。不知过了多久，醒来，看见你的小脑袋紧紧地贴着我的胳臂，睡得很香。我不敢动，只是安静地听着你均匀的呼吸声。

又不知过了多久，你睁开眼，醒了，对我甜甜一笑，摇摇晃晃坐起来。

我忽然发现，在你左耳贴着我胳臂的地方，留下了一个耳朵的轮廓印痕，像一朵小小的、淡淡的、柔嫩的玫瑰。

这朵玫瑰，这是拥有一个星球的小王子送给我的。看着它，我的心，充满了幸福。

独 立

有一天，你一定想要离开父母，追求你的独立。

妈妈三十岁了，可妈妈还在学习“独立”，因为我被好多年的“假独立”给欺骗了。

妈妈小时候和你的外公外婆有一些不愉快的经历，因此，妈妈很小就下决心，任何人都不可靠，要靠自己。妈妈看起来很强大、很独立。

可是，实际上，我并没有和我的父母完成很好的分离。他们让我痛苦，让我愤怒，让我流泪，让我控制不了自己的情绪。我就像一个炸药包，引子还留在过去，还留在他们手中，一点就着，“轰”的一声就把自己炸个粉碎。

过了很久，我才知道，真的独立，不用大声又刻意地宣称我和他们不一样，不必做出划分界限的用力过猛的样子。

真的独立，是可以抽离出来，看见他们的局限，理解他们的弱点，悲悯他们的无能为力。

真的独立，是无论他们说什么、做什么，无论过去发生过什么，我都会温和地坚持我的方向和步调。我会满足他们的一些无伤大雅的小要求，尽量让他们舒心，但也会让他们明白，我坚持的，他们左右不了。

我不再是青春期那个愤怒又对抗的孩子。我因为有了力量而更平和。我看起来不那么强大，我更容易顺从。原来，这才是更靠近真独立。

不 同

没有完全相同的两样事物——光说这句话，不足以让人惊奇。

地球上存在过亿万棵树，每棵树上又有成千上万片叶子，可是没有一片叶子和另一片叶子是一样的。这样一想，就会对自然肃然起敬。

幸好你和别的小宝宝不同，不然妈妈怎么把你认出来呢?

不同，也可以兼容。可总有一些控制欲很强的人，他们容忍不了别人的不同。他们很脆弱，总是怀着假想敌，认为别人的不同是对他们的否定和攻击：因为你和我不一样，所以你就是在攻击我，所以，我就要把你消灭掉。

这样的人一辈子都生活在四面楚歌之中，风吹草动，皆是敌人。

遇到这样的人，我们要远离，更不要为之效力。

教　育

做了父母的人，把教育看作一件很郑重的事。

然而，教育究竟是什么呢？我能教给你什么呢？

我要给你安排怎样的学校？给你找怎样的老师？让你学习怎样的课程？——这些似乎很重要，可好像又没那么重要。

有很多很坏的教育，却让很多父母趋之若鹜。和坏的教育比起来，不教的破坏反而小得多。

能教给你什么，我还没太想明白。

现在，是你教我比较多。

公　平

有一个妈妈很喜欢的哲学家说，懂得了运气，就懂得了人生。

如果我们相信运气，哪怕相信10%，那么，我们就要接受一个现实：绝对的公平，并不存在。

随机和偶然，不会带来平均分布。研究宇宙真相的物理学和数学，都在揭示：世界本就不是平均分布的。

听起来很残酷是不是？有人若浮云，有人落沟渠，凭什么？

难怪人与人之间的嫉妒和战争从来不会停歇。这似乎又是上帝巧妙的安排，因为失衡，才充满了未知的可能性。可能连上帝自己也不知道，失衡会导向什么地步，他只是设置了一个规则。

每个人都会面临这样的处境：一定会有比我幸运很多的家伙；也一定有人比我不幸。当然，人们常能看见前者，很少看见后者。

最不幸的人，就该心甘情愿地接受这安排吗？很多人不会，他们要颠覆已有的次序，建立新的次序。幸运的人，千万不要小瞧这群不幸的人，他们的颠覆力量，是上帝也阻拦不了的。

新的次序建立之后，新的不公平又开始了。人人公平的试验，被证明是无法实现的乌托邦。公平，甚至成了极权的幌子。

你也许会问：如果注定没有绝对的公平，我们还要去追求公平吗？我们还要尽力给那些不幸的人更多向上的机会吗？

要。因为这样的善意和努力也是填补不公平鸿沟的一部分力量——有与没有，世界形态会大不一样。我们改变不了绝对的状态，但我们也不能妄自菲薄，彻底沉沦。

宁静祷词说："请给我勇气改变可以改变的事情，给我宁静接受不可改变的事情，给我智慧分辨这两者的不同。"

选 择

有千万种人生，可是我们只能选择其中一种度过。

有许多好的东西，可是很多时候我们不能同时拥有。

如果有人保证你有100%保险的选择，不要相信，那是假的——那几乎不叫选择。

选择就是在不确定之间发生的。

任何决定，都会冒一点儿险的。

选择最大的意义，不在于你选了A还是B，而在于你了解你的选择：你不仅知道这个选项的好处，你同时也能承担它带来的局限。

这就是选择：每一个明确的选择，都意味着我们放弃了另一些。

这是选择的遗憾，也是选择的尊严——即使不完美，你也愿意去做。

天 使

有个诗人说："母亲是我与天使的第一次相遇。"

自从有了你，我也觉得我很像天使，有无尽的温柔、无尽的爱。这，简直不像我。

如果我变成了天使，那是经你点化的。我们互为镜像。

因为你是天使，所以才激发了我天使的一面。

心理学家说：“你教会了别人怎么对你。”——低自尊的人，教会了别人轻贱他；害怕的人，教会了别人欺负他；紧张的人，教会了别人攻击他。

你无条件的信任，教会了我全心全意地爱你。

小 心

有的父母很不小心，把孩子扔给别人带，一晃两年过去了，看一眼：“咦？这是我的孩子吗？”

有的父母又太小心，生怕一个眼神、一个动作就给孩子留下永不磨灭的阴影，战战兢兢，如履薄冰。

父母要知道自己的重要性，可又不能太夸大自己的重要性。太自恋的父母，很容易变成暴君：我都是为你好，你要是不按我说的做，你这辈子就毁了！

自以为可以决定一个孩子的命运，于是很热衷于设计孩子的人生。然而，再精妙的设计，也比不过老天的设计。

太小心的父母，就是忘记了老天的人。

孩子，至少有一半是属于老天的。

答　案

有的问题，答案很明显。

有的问题，答案很不明显。

有的问题，好像没有答案。

有的答案，是别人告诉你的。

有的答案，是你自己发现的。

跟随聪明人去寻找答案，以及自己去发现答案，都有十分的乐趣。

当然，如果一定要比较，那还是自己去发现答案，得到的乐趣更多一些。

无论是别人告诉你的，还是你自己发现的，一个答案，随着时间的变化，都可能发生变化。

答案，不是被死死钉住的标本。

等待和耐心，很重要。

妈妈是一个很喜欢追究答案的人。

可是妈妈的答案也不一定对。

也许有一天，你会给妈妈不一样的启发和答案。

——那真是太好了。

后记　既不逃避对生育的怀疑，也不逃避对生命的深情

在二十五岁到三十岁之间，我最大的困惑是：究竟要不要生孩子？我笃信生育是最严肃的生活哲学问题，人不能不想这个问题就把一个新生命带到世上来。

与这个问题相关的，还有对女性身份的认知、对婚姻的理解、对亲情（尤其是与父母关系）的感受、对选择的惶恐。我在跟自己较劲，我认为，如果我逃避了这个问题，就是在抽掉我未来生活的基石，我将终日在空虚与不诚实中度过。

也是由这个问题不依不饶的牵引，在这五年期间，我的内心经历了重大的震动和变化，我从一个深度的生育怀疑论者，到深情地接纳一个新生命的到来，这个历程，是我这一生跋涉过的最远的距离，几年时间，恍如隔世。在我知道自己怀孕之后，我开

始酝酿写这样一本书，一本诚实地探讨女性生育困惑的书。在我生下儿子后不久，我开始正式动笔，写了整整九个月，等我完稿时，儿子已经一岁了。在我的写作过程中，我感到我在和时间赛跑——孩子的日新月异，成为新妈妈的充实与忙碌，让我几乎忘记了我曾经走过的那段艰辛而漫长的追问之路。

可是，一旦我坐下来写作，我就知道，我没有忘记，我永远也不会忘记。在日常生活的水面之下，一个人可能隐藏着怎样的孤独与窒息，怎样的梦境与眼泪，怎样的回忆与依恋，怎样的悲欢与离合，怎样的自我与假面，怎样的虚无与恐惧……都不是肉眼能看见的，而这些，都可能被生育的决定和行为搅动开来，从而掀起灵魂的惊涛骇浪。生育，是与生命最深处的密码紧紧相连的。

我选用了与多人对话的写作形式，因为这样能最好地展现思辨的多元，以及交流的坦诚——这都是我看重的。谈话的对象和内容，几乎都是我生活中真实存在过的。然而真实的仅仅是原始素材，为了保护个人隐私，以及符合对话的纯度，我对大量对话内容进行了揉碎、提炼和整合，所以文中出现的人物，又是“虚构”了的，如有雷同，纯属巧合。

书中“我”的催眠经历，也是真实发生过的，我现在回想起来，还能感受到当时的战栗，这是我意义非凡的一次转变。之所以没有让整部对话在催眠师那里戛然而止，没有成为一个像《心灵捕手》那样豁然开朗的故事，也是在表明我的认识和态度：我们的心灵不是一劳永逸的，它是会反复波动的。

感谢这些年的困惑。因为我潜入过心灵最深沉最凶险的地方，如今我可以完全地享受和一个新生命在一起的喜悦。